中国资源生物研究系列

竹节参种质资源与皂苷应用基础研究

张　来　主编

国家自然科学基金(31660252，81102796)、贵州省优秀青年科技人才专项[黔科合人字(2015)18 号]、贵州省教育厅创新性重大群体项目(黔教合 KY[2016]049)资助。

科 学 出 版 社

北　京

内 容 简 介

竹节参（*Panax japonicus* C. A. Meyer.）为五加科人参属的药用植物，属我国珍稀濒危的名贵“七类”中草药之一，具有南药三七活血化瘀和北药人参滋补强壮之功效。本书系统介绍了竹节参种质资源开发和皂苷应用研究的相关成果及最新进展，内容包括：竹节参生物学特征；竹节参种质资源开发；竹节参皂苷检测及含量积累规律；竹节参皂苷生物活性及叶的生药学鉴定；竹节参毛状根生物转化的理论基础、试验技术与实践；竹节参三萜皂苷的基因工程与代谢调控。

本书图文并茂，内容系统完整，可作为生物学、农学、林学等专业本科生和研究生，以及相关领域科研人员的参考用书。

图书在版编目（CIP）数据

竹节参种质资源与皂苷应用基础研究 / 张来主编. —北京：科学出版社，2019.5

ISBN 978-7-03-061237-3

Ⅰ. ①竹… Ⅱ. ①张… Ⅲ. ①竹节参–种质资源–研究 Ⅳ. ①S567.230.24

中国版本图书馆CIP数据核字（2019）第092750号

责任编辑：李 悦 刘 晶 / 责任校对：严 娜
责任印制：吴兆东 / 封面设计：刘新新

科 学 出 版 社 出版
北京东黄城根北街 16 号
邮政编码：100717
http://www.sciencep.com

北京建宏印刷有限公司 印刷
科学出版社发行 各地新华书店经销

*

2019 年 5 月第 一 版 开本：720 × 1000 1/16
2019 年 5 月第一次印刷 印张：11 1/2
字数：226 800

定价：108.00 元

（如有印装质量问题，我社负责调换）

《竹节参种质资源与皂苷应用基础研究》

编辑委员会

主　　编：张　来

副 主 编：梁　娥　从春蕾　杨碧昌

编写人员：齐敏杰　张显强　黄元射

前　　言

竹节参(*Panax japonicus* C.A.Meyer.)属五加科人参属植物，生于遮阴度较大的山坡沟边、阴湿地带或岩石沟涧旁，分布于中国、日本和朝鲜，在我国则主要分布于云南、贵州、四川、湖北等地，中国西南地区是竹节参生物多样性的分布中心。竹节参收载于《中华人民共和国药典》，具有我国南药三七和北药人参的综合功效。2005年笔者跟随贵州师范大学王丞录老师在六盘水野外植物学实习时偶然发现野生竹节参植株并带回实验室栽培和培养，于是便开启了竹节参种质资源和皂苷代谢调控的相关研究工作。在国家自然科学基金、贵州省中药现代化专项、贵州省优秀青年科技人才专项、贵州省教育厅创新性重大群体项目等10余项课题的联合支持下，历时10余年深入系统地开展了竹节参种质资源开发利用、三萜皂苷生物转化和基因工程代谢调控等方面的研究工作。

本书系统介绍了本团队对竹节参的研究成果与最新研究进展，主要内容包括：从竹节参形态生物学特征、繁殖生物学特征、光合作用特征和伴生植物种群等方面介绍竹节参生物学特性；从竹节参种子繁殖技术、组织育苗技术、地下块茎繁殖技术、种苗栽培技术和病虫害防治技术等方面阐述了竹节参种质资源的开发与利用；建立了竹节参皂苷提取工艺和检测方法，跟踪竹节参皂苷含量积累规律，为竹节参药材的合理采收提供科学依据；构建竹节参皂苷毛状根生物转化技术和离体培养技术体系，成功培养竹节参毛状根单克隆系PJ系列，为极为稀少的竹节参生产皂苷开辟了一条不依赖原植物体的全新有效途径；在鲨烯合酶(SS)基因的克隆、组织表达谱、生物信息学功能分析、植物高效表达载体的构建、转化和转录组通用密码子偏好性分析等方面对竹节参三萜皂苷(TS)合成酶基因SS的克隆与表达调控进行研究，阐明竹节参在分子水平上的代谢调控机制；从抗氧化、抗肿瘤、抗衰老等方面介绍竹节参皂苷生物活性试验及叶的生药学鉴定试验；介绍植物毛状根生物转化试验技术，以帮助读者了解竹节参毛状根生物转化的原理、方法及其离体培养技术。

十余年弹指一挥间，回首这些年来研究竹节参的艰辛感慨万千，有成功的经验和喜悦，也有失败的教训和泪水。本书既是对竹节参研究工作的回顾，又是对竹节参药用植物种质资源开发和皂苷应用研究的阶段性总结。诚然，随着生物技术的不断发展，种质资源的开发、毛状根生物转化技术和基因工程技术的研究将会赋予新的时代内涵和特征。本书在撰写过程中为了著作的系统性和完整性，引用了部分学者的研究成果，但由于篇幅有限未能列出全部参考文献。在此，真诚感谢书中所涉及竹节参研究的所有前辈和同仁。

由于作者精力和水平有限，疏漏之处在所难免，恳请同行和读者批评指正。

张　来

2018 年于娄湖

目　录

第一篇　竹节参种质资源

从竹节参(*Panax japonicus* C.A.Meyer.)形态生物学特征、繁殖生物学特征、光合作用特征和伴生植物种群等方面系统介绍竹节参生物学特性；从竹节参种子繁殖技术、组织育苗技术、地下块茎繁殖技术、种苗栽培技术和病虫害防治技术等方面阐述竹节参种质资源的创新、开发、保护和病虫害防治。

第一章　竹节参生物学特征

竹节参(*P. japonicus*)别名竹节人参、竹节三七、竹根七、白三七、北三七、大叶三七，属五加科人参属植物，以干燥根茎入药(贵州植物志编委会，1989)。竹节参有不同变种，大叶三七(*P. japonicus*)为竹节参原种，羽叶三七[*P. japonicus* C. A. Mey. var. *Bipin natifidus*（Seem.）C. Y. Wu & K. M. Feng]、秀丽假人参(扣子七)[*P. japonicus* C. A. Mey. var. *maior*（Burkill）C. Y. Wu & K. M. Feng]、狭叶竹节参[*D. japonicum* C. A. Mey. var. *angustifolium*（Burkill）Cheng & Chu] 均为变种(林先明，2006)。其未见于历代本草，《本草纲目拾遗》中始有记载，是 2005 年版《中华人民共和国药典》（简称《中国药典》）收载的品种之一，属我国特有珍贵中药材。竹节参性温、味甘、微苦，有滋补强壮、散瘀止痛、止血祛痰等功效，具我国北药人参和南药三七的功用，在民间俗称“草药之王”。

第一节　形态学特征及其多样性

1.1　形态学特征

竹节参是多年生草本植物，高 40～120cm，根状茎横卧呈竹鞭状，节结膨大，节间较短，每节有一浅环状茎痕，侧面常生多数锥状肉质根，末端有一参状尾，草医称之为“胆”。茎直立，平滑。掌状复叶轮生茎顶，小叶 3～7 片，呈阔卵形、卵形、卵状披针形或披针形，长 3.5～11cm，宽 1～3cm，边缘有锯齿。伞形花序单一，顶生，或有少数分支；花瓣 5，淡黄绿色；雄蕊 5；子房下位，2 室，花柱 2。核果浆果状，球形，成熟时呈红色。花期 5～6 月，果实成熟期 7～8 月(国家药典委员会，2005)。

1.2　地上营养器官形态多样性

株高是反映竹节参植株形态的主要方面，1 年生植株株高 5～7cm，平均株高 6cm，植株间差异不大；2 年生植株株高 7～13cm，平均 8.8cm，植株间有一定差异；3 年生植株株高 13～72cm，频数分析表明株高在 31～58cm 占 70%，平均株高 42.4cm，基本符合正态分布规律；多年生植株株高在 35～120cm，平均株高 71.2cm，也基本符合正态分布规律。随着苗龄增加，平均株高逐年增加，同时株间的差异也是迅速扩大，因此可以认为这种差异是遗传基因的差异随着种植时间的推移，其表现型差异的累积效应。对叶下高(茎长)的调查结果与此相似。调查发现 3 年生与多年生植株花序与复叶叶柄的夹角在植株间也有很大差异，有 45°、

60°、90°三种类型，夹角的大小影响植株株形：夹角小，株形紧凑，有利于密植；夹角大，株型松散，宜稀植。观察发现夹角大小与种植密度无关，是植株本身的遗传特性之一。

3 年生以下竹节参基本都是单茎，个别是双茎；多年生植株绝大部分是单茎，10%左右是双茎，少数是 3 个或 3 个以上的多茎。从茎色上看，1 年生植株差异不大；2 年生以上植株差异明显：有绿色、紫绿色、紫色 3 种，其中紫色在 2 年生、3 年生、多年生植株中分别占 7%、7.5%和 10%；紫绿色在 2 年生、3 年生、多年生植株中分别占 5%、5%和 8.25%。从茎粗上看，一般叶下为较粗的圆柱状茎，叶上为较细的花序，试验中对植株叶下距地表的茎中部茎粗进行了测量和分析，1 年生植株茎粗 1mm，2 年生植株茎粗 2mm，同龄植株几乎没有差异；3 年生以上植株茎粗差异较大，为 2～5mm，平均茎粗 3.53mm；其中以 3～4mm 居多，2mm 的占 3%，5mm 的占 7%。多年生植株茎粗差异更大，变幅在 2～9mm，平均茎粗 5.2mm；其中茎粗为 4～6mm 的占 80%，7mm 以上的占 10%，4mm 以下的只占 10%。

竹节参 1 年生植株只有 3～5 片小叶呈掌状轮生于茎顶，其中 3 片叶的占 40%，5 片叶的占 60%。2 年生植株除 4%的有 2 片复叶外，96%的均只有 5 片小叶呈掌状轮生于茎顶。3 年生植株都有 2～4 片复叶，其中 2 片复叶的占 6%，3 片复叶的占 78%，4 片复叶的占 16%。78%的植株每片复叶上的小叶数相等均为 5 枚，另外 10%的植株至少有 1 片复叶的小叶数为 6～7 枚，12%的植株至少有 1 片复叶的小叶数少于 5 枚。多年生植株都有 3～5 片复叶，其中 3 片复叶的占 29%，4 片复叶的占 32.5%，5 片复叶的占 38.5%。45%的植株每片复叶上的小叶数相等均为 5 枚，另外 30%的植株至少有 1 片复叶的小叶数为 6～7 枚，25%的植株至少有 1 片复叶的小叶数少于 5 枚。由此可见，竹节参叶片数也不是简单地以“三枝五叶”所能描述的。竹节参小叶的形状有阔卵形、卵形、卵状披针形或披针形 4 种，每个复叶的各片小叶大小均不一样，其中有 1 片较大。观察表明，随着苗龄的增长，叶面积也增大。2 年生植株最大叶(指复叶上的小叶中的最大叶，下同)长 3～7cm、宽 3～4cm。3 年生植株最大叶叶长 7～14cm，平均叶长 11cm；宽 3～5cm，平均叶宽 4cm。多年生植株最大叶叶长 8～19cm，平均叶长 13.4cm；宽 3～9.5cm，平均叶宽 6.4cm。竹节参叶色有浅绿色、绿色、深绿色 3 种；叶边缘有锯齿，且深浅不一，有 5%表现为深齿，有 5%表现为深波状叶。叶表面有的光滑、平坦，有的平坦有毛，有的粗糙不平，同时色泽不匀。

1.3 地下根和根状茎形态发育

1.3.1 根的膨大过程与组织分化

由于根-下胚轴的加粗生长，使地上部分呈纺锤形。根是由胚根发育而成的，为二元型，1 年生的主根还具有吸收功能，在根毛区周围分布着大的根毛。2 年生根中除木质部和韧皮部薄壁细胞中淀粉含量有所增加外，还出现了草酸钙簇晶。多年生肉质根已转化为储藏根，除尚有退化的木质导管外，几乎全是储藏薄壁细胞，射线薄壁细胞中的储藏物尤为明显。肉质根每年都有不同程度的增粗，但并未改变其正常的组织结构，而是发育出大量的薄壁细胞，其中木薄壁细胞和射线薄壁细胞尤为发达，其间还分布大量的分泌道。分泌道是由细胞分裂所形成的，其周围有一圈完整的细胞，这圈细胞较小，其内含有染色较深的物质，与周围含大量淀粉粒的细胞有明显的差异。另外，分布在主根周围的侧根也有所增粗，其增粗方式与主根大体相同，增粗的侧根在主根及根状茎中都有发生，且均为内起源。除此之外，有部分季节性吸收根，每年更新一次，在生长期末吸收根萎缩脱落，并在根痕附近同时形成越冬根原基。在下一年春天，越冬根原基再萌动形成新的吸收根。这部分根将不会发生增粗现象。

1.3.2 根状茎的形态发生与组织分化

竹节参在每年 3 月初开始抽出枝叶，地上部分在 9 月上中旬开始倒苗，第二年再重新长出。地上茎基部发育成节间粗壮短缩的根状茎。根状茎每年都有不同程度的增粗，后期的根状茎已转化成具有储藏功能的器官。每年秋冬季节，地上部分枯萎时，在茎顶端形成顶芽越冬，同时在稍下部位还有一个潜伏芽，以便在顶芽遭受损伤时，替代顶芽的功能。在生长期内，地上部分的茎在维管束外部发育出具有支持功能的厚角组织，维管束一般是一个。茎的基部则逐年膨大，含有大量的储藏薄壁细胞。因而在生长后期，多年生根状茎与多年生肉质根一样，都成为仅具储藏功能的器官了。同时在每年的生长期内，也会在根状茎上长出季节性吸收根，起到根的吸收作用。这种季节性吸收根与人参很相似。试验表明，竹节参根和根状茎生长到了一定年限，其增粗生长变得非常缓慢，且必会被限制继续增粗(张晓艳等，1991)。

第二节 竹节参光合作用及其伴生植物

2.1 光合作用

2.1.1 竹节参的光饱和点及光补偿点

竹节参是喜阴植物，强光反而会损伤竹节参叶片，光照强度(PAR)一般在 100～170μmol/(m^2·s)时，竹节参的光合速率最大，在满足生长对最大辐射需求的同时，应防止叶片受到损伤。阴生植物的光饱和点在 180μmol/(m^2·s)以下。竹节参的光饱和点在 150～180μmol/(m^2·s)。竹节参即使在晴天光照强度为 764μmol/(m^2·s)

时，其光合速率也只为 3.9μmol/(m^2·s)，这表明它的光能利用率很低，当光照强度超过它的光饱和点以后，强光反而会抑制它的光合作用，可以通过人为的方法增加散射光的强度，如人工搭遮阴棚，可使竹节参达到光饱和点，这是人工种植竹节参增产的一个方法。不仅如此，竹节参的光合速率也受到空气湿度、温度以及叶片温度等因素的影响。竹节参在叶片温度为 17.1℃时，光合速率为 7.3μmol/(m^2·s)；温度为 16.5℃时，光合速率为 8.7μmol/(m^2·s)。竹节参的光补偿点在 3μmol/(m^2·s) 左右，当光照强度为 3μmol/(m^2·s)时，净光合速率为 0。竹节参在晴天时，都同时出现了明显的“光合双峰”现象，即在光照强度很大的条件下，阴生植物的光合作用反而受到抑制，呈现早上、下午光合速率高，而中午光合速率低的“双峰现象”。

2.1.2 光对蒸腾速率、气孔导度、细胞间二氧化碳浓度的影响

光是影响蒸腾作用的主要外界条件。在阴天，光照强度分别为 60μmol/(m^2·s)、54μmol/(m^2·s)、39μmol/(m^2·s)时，竹节参的蒸腾速率分别为 1.0μmol/(m^2·s)、2.1μmol/(m^2·s)、1.2mmol/(m^2·s)；而晴天光照强度为 175μmol/(m^2·s)、764μmol/(m^2·s)、142μmol/(m^2·s)时，竹节参的蒸腾速率分别为 0.934μmol/(m^2·s)、0.814μmol/(m^2·s)、0.653mmol/(m^2·s)。这是由于当光照过强时，竹节参为了防止因蒸腾速率过快而丢失水分，降低了蒸腾速率。

光照是调节气孔导度的主要信号。阴天光照强度分别为 60μmol/(m^2·s)、54μmol/(m^2·s)、39μmol/(m^2·s)时，竹节参气孔导度为 180μmol/(m^2·s)、356μmol/(m^2·s)、125mmol/(m^2·s)；而晴天光照强度分别为 175μmol/(m^2·s)、764μmol/(m^2·s)、142μmol/(m^2·s)时，竹节参气孔导度为 164μmol/(m^2·s)、38μmol/(m^2·s)、119mmol/(m^2·s)。所以，在一定的范围内，光照强度可以增加细胞之间的气孔导度，但当光照过强时，会在一定程度上减少细胞之间的气孔导度，从而导致蒸腾速率的降低，这是为了防止植物因蒸腾速率过强而丢失水分。

细胞间二氧化碳浓度也受到光照强度的影响。当光照强度为 60μmol/(m^2·s)、54μmol/(m^2·s)、39μmol/(m^2·s)时，竹节参细胞间的二氧化碳浓度分别为 347ppm[①]、335ppm、329ppm；而当光照强度为 175μmol/(m^2·s)、764μmol/(m^2·s)、142μmol/(m^2·s)时，竹节参的细胞间二氧化碳浓度分别为 297ppm、210ppm、251ppm，可见，细胞间二氧化碳浓度随着光照强度的增加而降低。

2.2 伴生植物

对竹节参试验基地中伴生植物进行采集、标本制作、分类鉴定，结果为 14 科 21 种(表 1-1)(张勇等，2014)。在所调查植物中菊科、毛茛科、十字花科、车

---

① 1ppm=1×10^{-6}，下同。

前科、豆科植物最多，主要有黄鹌菜、白苞蒿、马兰、弯曲粹米荠、马鞭草、白车轴草、大车前等植物。需要指出的是，苔藓植物是竹节参伴生植物的主要优势物种，覆盖率达 85%以上，还有一些偶见植物，如菊科的苦苣菜、钻形紫菀、千里光、鼠麴草、野茼蒿，毛茛科的毛茛，十字花科的焯菜，旋花科的飞蛾藤，蔷薇科的茅莓、蛇莓，石竹科的漆姑草，鸢尾科的射干，蓼科的水蓼、杠板归、齿果酸模，茜草科的猪殃殃，莎草科的砖子苗，苋科的柳叶牛膝，薯蓣科的薯蓣。

表 1-1　竹节参伴生植物

科名	物种	数量	生态环境
毛茛科(Ranunculaceae)	毛茛(*Ranunculus japonicus*)	6	路边、沟边、山坡杂草丛
十字花科(Cruciferae)	弯曲碎米荠(*Cardamine flexuosa*)	216	田边、路边及草地
	焯菜(*Rorippa dubia*)	8	路旁、河边、园圃、田野
旋花科(Convolvulaceae)	飞蛾藤(*Porana racemosa*)	2	山沟或山坡草地
蔷薇科(Rosaceae)	茅莓(*Rubus parvifolius*)	4	山坡、道旁及杂草间
	蛇莓(*Duchesnea indica*)	1	山坡、道旁及杂草间
石竹科(Caryophyllaceae)	漆姑草(*Sagina japonica*)	3	山野、庭院、路旁
鸢尾科(Iridaceae)	射干(*Belamcanda chinensis*)	5	喜温、喜阴
蓼科(Polygonaceae)	水蓼(*Polygonum hydropiper*)	6	湿地、水边
	杠板归(*Polygonum perfoliatum*)	1	山坡路旁、沟沿、灌丛及林园
	齿果酸模(*Rumex dentatus*)	1	路边、杂丛
茜草科(Rubiaceae)	猪殃殃(*Galium aparine*)	7	山坡路旁、沟沿、田边、灌丛
莎草科(Cyperaceae)	砖子苗(*Mariscus sumatrensis*)	3	田野、山坡草丛
苋科(Amaranthaceae)	柳叶牛膝(*Achyranthes longifolia*)	6	沟沿、田边、灌丛
薯蓣科(Dioscoreaceae)	薯蓣(*Dioscorea opposita*)	1	路旁、沟边草丛、庭院
卷柏科(Selaginellaceae)	翠云草(*Selaginella uncinata*)	1	喜温、喜阴
茄科(Solanaceae)	龙葵(*Solanum nigrum*)	1	喜温
菊科(Compositae)	黄鹌菜(*Youngia japonica*)	117	路旁、草丛、水沟旁、墙角
	白苞蒿(*Artemisia lactiflora*)	85	田边、路旁及草地
	马兰(*Kalimeris indica*)	79	原野、路旁、河边
	钻形紫菀(*Aster subulatus*)	7	潮湿含盐的土壤
	千里光(*Senecio scandens*)	5	山坡、疏林下、路旁、草丛
	鼠麴草(*Gnaphalium affine*)	5	田野、路边、沟边、杂草丛
	野茼蒿(*Crassocephalum crepidioides*)	6	山坡林下、灌丛中或水沟旁
马鞭草科(Verbenaceae)	马鞭草(*Verbena officinalis*)	60	喜肥、喜湿润
豆科(Leguminosae)	白车轴草(*Trifolium repens*)	53	喜温暖、向阳的环境
车前科(Plantaginaceae)	大车前(*Plantago major*)	47	草地、路旁、沟边草丛
提灯藓科(Mniaceae)	湿地葡灯藓(*Plagiomnium acutum*)	多	湿地较高的林下或岩石上

2.2.1　伴生植物群落主要物种

竹节参伴生植物绝大多数是草本，如菊科的黄鹌菜和马兰、十字花科的弯曲碎米荠、马鞭草科的马鞭草等，这些植物在数量上明显多于其他物种，为群落中的优势类群(表 1-2)。此外，苔藓植物覆盖率达 85%以上。这些植物在一定程度上可以作为竹节参种群存在的指示植物，特别是苔藓植物，有助于竹节参分布点的确定和资源评估。

表 1-2　竹节参伴生植物主要物种名录

科名	物种	数量	生态环境
十字花科(Cruciferae)	弯曲碎米荠(*Cardamine flexuosa*)	216	田边、路边及草地
菊科(Compositae)	黄鹌菜(*Youngia japonica*)	117	路旁、草丛、水沟旁、墙角
	白苞蒿(*Artemisia lactiflora*)	85	田边、路旁及草地
	马兰(*Kalimeris indica*)	79	原野、路旁、河边
马鞭草科(Verbenaceae)	马鞭草(*Verbena officinalis*)	60	喜肥、喜湿润
豆科(Leguminosae)	白车轴草(*Trifolium repens*)	53	喜温暖、向阳的环境
车前科(Plantaginaceae)	大车前(*Plantago major*)	47	草地、路旁、沟边草丛
提灯藓科(Mniaceae)	湿地匍灯藓(*Plagiomnium acutum*)	多	湿地较高的林下或岩石上

2.2.2　伴生植物群落偶见种

竹节参伴生群落偶见种植物一般种数在 7 种以上，个别为 1 种(表 1-3)。虽然这些物种数量少，但它们的存在在群落中有一定的作用，在对环境要求的差异性上还是互补性上，都能够使各物种间相互兼容，相互为对方提供良好的生境条件，形成一种互利共生的关系。例如，翠云草(别名龙须)的植株较矮，植株覆盖的面积大，为阴生植物，能为竹节参提供湿润的生境，保持土壤处于潮湿状态。因此在引种栽培的过程中，不仅要保护竹节参种类，也要保护那些在群落中占重要地位的伴生植物，以维持竹节参生活环境的稳定性。

表 1-3　竹节参伴生植物偶见种名录

科名	物种	数量	生态环境
毛茛科(Ranunculaceae)	毛茛(*Ranunculus japonicus*)	6	路边、沟边、山坡杂草丛
十字花科(Cruciferae)	蔊菜(*Rorippa dubia*)	8	路旁、河边、园圃、田野
旋花科(Convolvulaceae)	飞蛾藤(*Porana racemosa*)	2	山沟或山坡草地
蔷薇科(Rosaceae)	茅莓(*Rubus parvifolius*)	4	山坡、道旁及杂草间
	蛇莓(*Duchesnea indica*)	1	山坡、道旁及杂草间
石竹科(Caryophyllaceae)	漆姑草(*Sagina japonica*)	3	山野、庭园、路旁
鸢尾科(Iridaceae)	射干(*Belamcanda chinensis*)	5	喜温、喜阴

续表

科名	物种	数量	生态环境
蓼科(Polygonaceae)	水蓼(*Polygonum hydropiper*)	6	湿地、水边
	杠板归(*Polygonum perfoliatum*)	1	山坡路旁、沟沿、灌丛及林缘
	齿果酸模(*Rumex dentatus*)	1	路边、杂丛
茜草科(Rubiaceae)	猪殃殃(*Galium aparine*)	7	山坡路旁、沟沿、田边、灌丛
莎草科(Cyperaceae)	砖子苗(*Mariscus sumatrensis*)	3	田野、山坡草丛
苋科(Amaranthaceae)	柳叶牛膝(*Achyranthes longifolia*)	6	沟沿、田边、灌丛
薯蓣科(Dioscoreaceae)	薯蓣(*Dioscorea opposita*)	1	路旁、沟边草丛、庭园
卷柏科(Selaginellaceae)	翠云草(*Selaginella uncinata*)	1	喜温、喜阴
茄科(Solanaceae)	龙葵(*Solanum nigrum*)	1	喜温、田野
菊科(Compositae)	钻形紫菀(*Aster subulatus*)	7	潮湿含盐的土壤
	千里光(*Senecio scandens*)	5	山坡、疏林下、路旁、草丛
	鼠麴草(*Gnaphalium affine*)	5	田野、路边、沟边、杂草丛
	野茼蒿(*Crassocephalum crepidioides*)	6	山坡林下、灌丛中或水沟旁

第三节　繁殖生物学特征

3.1　开花特征

3.1.1　开花年限与花序轴

2 年生竹节参无花芽分化，不开花。3 年生竹节参有 60%花芽分化，但开花迟，结实率很低，种子产量少，种子小，发芽率低。4 年生竹节参才能正常开花结实。多年生植株开花多，结实率高。

竹节参花芽的分化一般在 7 月中旬开始，3 年生以上才有花芽分化，至 10 月底芽的分化才完成，茎、叶、花轴、花序也分化完成，花蕾已肉眼可见。之后于 11 月中旬进入休眠。多年生竹节参的分化进程快于 4 年生，4 年生竹节参快于 3 年生。第 2 年 2 月底地温稍升高后，竹节参就开始生长发育；3 月初出苗，首先是子叶包被着花轴的芽钻出土面，撑破膜质苞片后，叶片开始生长，花轴在茎顶并不伸长，仍呈弯曲状；到 4 月中旬后，叶片已展开，生长速率加快，花轴逐步伸直，花轴的下部开始生长。3 年生植株花轴细、花序小、萌动早；4 年生及多年生植株花轴粗、花序大、萌动迟。5 月是花轴快速伸长期；6 月初，顶生花序伸直，小花梗伸长，小花生长加快；6 月中旬花轴生长完成，不再伸长，然后开始进入开花期。3 年生竹节参的花轴长平均为 20.1cm，4 年生竹节参的花轴长平均为

49.6cm，多年生竹节参的花轴长平均为 55.4cm。统计分析表明：4 年生竹节参花轴长与植株高度呈正相关，线性回归方程为：$\hat{y}=-6.65+0.735x$，$r=0.91>r_{0.01}=0.449$（$n=30$）；多年生竹节参花轴长与植株高度也呈正相关，$\hat{y}=8.215+0.554x$，$r=0.92$。

竹节参为顶生伞形花序，花序外形有圆球形、椭圆形、不规则的波状形 3 种；观察发现，花序除 1 个顶生花序具正常形态外，还有多种变态型小花序。变态型小花序包括 3 个类型：一是在花轴中上部像分支样分化出 1～4 个较小的伞形花序，互生或轮生在主花轴的中上部；二是在茎端的主花轴旁分化出 1 个或多个（最多可达 6 个）细小的花序；三是在顶生花序的某 1 朵或几朵花变态，发育成 1 个或几个小花序，构成复伞形花序。同一植株花序的变态型往往只有一种类型，3 年生竹节参出现花序变态类型的频率低，4 年生以上竹节参花序变态出现的频率高。由于竹节参生命周期太长，目前对这种变态是否有遗传性还没有深入研究。

3.1.2　开花习性

竹节参伞形花序单一顶生，主花序有小花 30～130 朵；随种植年限增加，小花数迅速增加。3 年生小花数一般每株 30～50 朵，平均 35 朵；4 年生一般 30～80 朵，平均 47 朵；多年生一般 5～124 朵，平均 73.3 朵。顶生花序小花数多，变态花序（包括侧花序）小花数少，仅 20～30 朵。

观察发现，多年生竹节参小花在 5 月初花序进入快速生长期时开始生长，到 6 月中旬已发育完全，6 月 15 日前后始花期（5%开花），6 月 23 日进入盛花期（50%开花），6 月 28 日以后开花逐步减少，7 月 13 日终花。多年生与 4 年生植株开花期相近，均早于 3 年生植株 7 天左右。开花时间一般在上午 9 时至 11 时，晴天气温高时，花开得快而多，而阴冷天气则开花少而且也不集中。同一花序小花的开放顺序是从边缘向中间依次进行，第 1 天开花 4～5 朵，第 2 天开 10 朵左右，以后逐渐增多。同一花轴上的主花序开花早，变态花序开花迟，变态花序开花时间基本一致。每花序仅有一个主花序的小花发育快、个体大、开花相对集中，特别是主花序中部小花反映最明显；如果一株有多个花序，则主花序中部小花发育不良，即使受精也不结实或少结实，且种子以每果 2 粒为主；变态小花序的小花大多发育不良，开花少，花器小；每花序结果不超过 10 个，且一般为单粒，种子细小。

竹节参花淡黄绿色；苞片小，线状披针形；花萼具 5 枚三角形小齿；花瓣 5 片，卵状三角形；雄蕊 5 枚，花丝短，花药长圆形；子房下位，2～4 室，3 年生以 2 室为主，4 年生以上以 3 室为主，极少数为 4 室；花柱上部 3 裂，花盘环状（林先明等，2006）。

3.2　雌配子体发育特征

3.2.1　光学显微镜观察

竹节参小花的子房2～4室，每室着生1个胚珠。胚珠倒生，单珠被。发育完全的胚珠具发达的胎座组织，向珠孔方向突出形成珠孔塞。

(1) 大孢子母细胞和大孢子时期。胚珠发育初期，珠心原基表皮细胞下单个孢原细胞进行平周分裂，产生周缘细胞和造孢细胞。周缘细胞继续分裂，形成周缘珠心组织，因而竹节参具有较厚珠心的胚珠。造孢细胞不再分裂，体积逐渐增大，直接转变成大孢子母细胞。该时期的胚珠生长很快，并弯曲成倒生胚珠，同时珠被伸长将珠心围住，形成珠孔。珠心细胞主要进行垂周分裂以适应细胞体积显著增大和伸长的大孢子母细胞。大孢子母细胞减数分裂形成线形排列的大孢子四分体。以后合点端的大孢子体积开始增大，成为功能大孢子，最后发育成胚囊。此时尚未见非功能大孢子的退化。此外，在一例玻片中看到合点端的大孢子和珠孔端大孢子体积同时增大的现象。

(2) 游离核胚囊时期。功能大孢子进行3次游离核分裂，依次形成2核、4核和8核胚囊。随着胚囊体积的增大，珠心细胞逐渐解体。在此发育期间，胚囊珠孔端正前方常可看到一个染色较深的细胞，光学显微镜下难以辨认。在电子显微镜观察中则看到核胚囊的珠孔前端染色较深的细胞是尚未完全退化的非功能大孢子。游离核胚囊时期还可看到一些异常现象：①在同一个胚珠中出现两个核胚囊；②有的胚珠中央，珠心细胞呈退化状态，看不到正常发育的胚囊，只有细胞解体后留下的空腔。

(3) 细胞胚囊时期。8核胚囊时间很短，很快就形成细胞。在胚囊形成细胞时，珠孔端的4个核中，首先可以确定出上极核。其体积较将要形成卵器的3个核稍大，并与它们保持一定距离。将要形成卵器的3个核紧靠在胚囊珠孔端，染色较深，周围有浓厚的细胞质。这3个核之间看不出有什么差异。在形成细胞结构的胚囊中，可看到卵细胞与助细胞有相反的极性。助细胞含丰富的细胞质，液泡较小，核位于细胞的珠孔端；卵细胞的核位于细胞的合点端，细胞质稀少，一个大液泡占据细胞的珠孔端。胚囊合点端形成3个反足细胞，寿命很短。受精前，中央细胞的下极核向珠孔端移动，在靠近卵器的一侧与上极核融合成次生核。此时卵器成员的极性分化进一步加强，卵细胞高度液泡化，助细胞则有浓厚的细胞质和发达的丝状器。反足细胞在受精前已退化或消失。

(4) 双受精及胚乳早期发育。受精后的胚囊中，一个助细胞退化，留下染色较深的退化痕迹，另一个助细胞可短暂宿存。次生核受精后很快分裂产生胚乳游离核。游离核贴着胚囊壁四周分布，胚囊中央形成一个大空腔。游离核的分布以靠珠柄一侧的胚囊壁旁较多，发育也较快，珠孔端受精卵旁边只有少数游离核。这可能与受精后从靠珠柄一侧更易获得营养物质有关。胚乳达到几十至数百个游离核时，开始形成细胞。随着胚乳发育，胚囊体积不断扩大，同时侵蚀珠被组织，使珠被变薄。卵细胞受精后，细胞质仍然稀薄，细胞核体积有所增大。精子进入卵细胞后，精核与卵核的核膜相贴，逐渐从圆球形展开成扁平状附着在卵核膜上。伴随着核膜的逐渐融合，卵核中出现多个核仁。观察表明，竹节参的卵细胞受精后要经过一个较长的休眠期。

3.2.2　组织化学观察

过碘酸希夫(PAS)反应表明，受精前的成熟胚囊中有多糖颗粒积累，主要集中在珠孔端的卵器部位。中央细胞靠胚囊壁的部位亦有少量分布，反足细胞部位几乎没有淀粉粒。这一时期的胚珠组织和子房壁中也积累了大量淀粉粒。胚珠中以珠孔塞和珠柄部位的细胞中淀粉粒最多，但紧靠胚囊四周的数层珠被细胞中没有多糖颗粒积累，形成一个近环形的无淀粉粒区。此外，该时期还观察到有的胚珠和胚囊内没有淀粉粒的积累。

3.2.3　电子显微镜观察

4 核胚囊时期，胚囊合点端与珠孔端已出现差别。胚囊合点端的细胞质稀薄，细胞器数目较少，仅有少量线粒体分散在细胞核周围，内质网发达，常排列成大的同心圆状，其中包围了一些细胞质，甚至有线粒体。内质网的部分槽库膨大并断裂成小泡，与胚囊合点端相邻的珠被细胞中有许多含淀粉粒的小质体。胚囊珠孔端有浓厚的细胞质，线粒体丰富，在细胞核周围更加密集。内质网槽库或长或短，有时数条内质网槽库平行排列。细胞质中有类脂体积累，还可以看到体积较小的质体。紧挨胚囊珠孔端前方的是尚未完全退化的细胞非功能大孢子，其细胞质中有许多大的类脂体和含淀粉粒的大质体。在胚囊珠孔端与尚未完全退化的细胞相接触的部位，细胞壁局部加厚，呈凹凸状，这使胚囊质膜的表面积增大，有利于吸收营养物质。

成熟胚囊发育早期，卵器成员之间、卵器成员与中央细胞之间都有细胞壁存在。随着进一步发育，卵器靠合点端一侧的细胞壁逐渐消失，与已经报道的许多植物情况相似。卵细胞中细胞器稀少，有少量线粒体、内质网和质体，高尔基体罕见，且代谢水平低。助细胞中含有大量的线粒体、内质网和高尔基体，代谢活性水平较高。临近受精时，助细胞中的内质网和高尔基体进一步增多，并产生许多小泡。卵细胞中的质体由小圆球形发育为一长椭圆形或不规则哑铃形，但数量没有增多。两个极核融合为次生核后，体积增大，内有大核仁。核周围的细胞质中有较多的线粒体和内质网。核膜上可以看到进行核内外物质交换的现象，说明次生核也有强烈的代谢活力(魏正元和尤瑞麟，1993)。

3.3 有性繁殖特征

竹节参种子外形为肾形，种皮为乳白色、坚硬。内种皮薄膜状，尖端为脐孔，沿脐孔有结合缝，萌发时胚根由脐孔处钻出。竹节参种子在成熟采收时，胚仅为多个细胞组成的细胞团，因此竹节参必须在湿沙储藏条件下，保持较高温度，完成"胚后熟"才能正常萌发。在湿沙储藏条件下，在储藏过程中种胚逐渐变成圆球形、长圆形，90天后变为鱼雷型成熟胚，此时有2片白色子叶包住的胚芽和3片呈淡绿色的胚叶，以及胚根、胚茎。胚分化的同时，胚乳随之膨胀，有时可使外种皮裂开。形成成熟胚后，胚不继续伸长，种子又进入"上胚轴休眠"状态，再经过一个低温休眠过程，待第2年春天气温升高后，胚才开始继续生长，胚乳作为养分，逐渐被子叶吸收，然后完成种子萌发过程。如果种子成熟晚或储藏条件不适宜，胚后熟过程还没有完成时进入低温，第2年气温升高后胚才开始萌动，完成"胚后熟"过程，之后进入"上胚轴休眠"阶段，当年仍不能出苗；经过第2年冬季低温后，第3年才出苗。种子萌发后，胚根先从种孔中钻出，胚芽也随之钻出，2片肥厚的子叶仍留在种皮内，胚根伸长，下胚轴不伸长，胚芽与子叶的结合处上有一微小的呈休眠状态的突起，上胚轴快速伸长出土，形成幼茎，茎顶分化出3～5片小叶，因此竹节参幼苗应为子叶留土型。开始由子叶提供植株生长所需的养分，子叶养分消耗完后即脱落，此时在土中的下胚轴开始增大，形成一个小突起，随着植株生长逐渐膨大，形成地下块根，以后成为"竹节参胆"(林先明等，2007)。

3.4 无性繁殖特征

竹节参的无性繁殖主要是用地下根茎进行切段繁殖的。竹节参地下根茎上的所有节，包括竹节参胆，都能作为切段繁殖的材料，节多出苗率高，苗质优。切段繁殖第2年能否出苗关键是切段的时间，上年10月以前切段，第2年80%茎段能出苗，但不出苗的茎段一般也不会死，第2年会长出芽苞，第3年春季还能出苗。繁殖材料即地下根状茎的粗细对第2年出苗的大小起决定作用，多年生较粗的地下根状茎(茎粗2cm左右)即使只1节，第2年出苗仍能开花结实(与3年生苗相当)，节多开花结实更多；如果地下根状茎粗小于1cm，则出的苗仅如2年生小苗，不开花(林先明等，2007)。

第二章 竹节参繁殖与栽培管理

竹节参的繁殖技术方式分为种子繁殖和地下茎切段繁殖，但这两种繁殖方式的繁殖系数低，很难满足竹节参产业化发展对种苗的需求。运用正交试验对成熟的竹节参种子进行萌发试验，探讨赤霉素(GA_n)浓度、浸种温度、浸种时间对竹节参种子萌发的影响。筛选出赤霉素浓度、浸种温度、浸种时间最佳组合方案，为有效提高竹节参种子的萌发率和萌发指数，促进实生苗快速生长，以及为开发、保护竹节参种质资源提供理论依据，对进一步研究竹节参种子的发芽生理及机制有比较重要的理论和实践指导意义。以组织培养为基础的现代生物技术在种质资源的保存、利用和创新，以及高抗优质品种的培育方面具有巨大的优势和潜力；且其获得再生植株的时间短、外植体来源不受时间限制，能进行全年种苗繁殖，不但繁殖系数大，而且能保持品种的优良性状，同时也是高等植物细胞工程、基因工程和进一步改良的重要基础之一。在种子萌发试验的基础上建立竹节参组织培养技术，实现离体培养，对竹节参的繁殖和开发利用具有重要的现实意义，同时为遗传转化及品种改良打下坚实的基础。

第一节 种子繁殖技术

运用单因素试验和正交试验对成熟的竹节参种子进行萌发试验，探讨赤霉素浓度、浸种温度、浸种时间对竹节参种子萌发的影响，筛选出赤霉素浓度、浸种温度、浸种时间的最佳组合方案，为有效提高竹节参种子的萌发率和萌发指数，促进实生苗快速生长，开发、保护竹节参种质资源提供理论依据，也为进一步研究竹节参种子的发芽生理和发芽机制提供理论和实践指导意义(张来，2012)。

1.1 GA_3浓度对竹节参种子萌发的影响

在正常条件下，竹节参种子萌发时间需34天，最大萌发数为第16天的3粒，萌发率(GP)为60%。用不同浓度的GA_3溶液对竹节参种子进行处理，其萌发时间均有所缩短，最短时间为150mg/L GA_3处理时的25天。在130～150mg/L时，种子的萌发率随着浓度的增大而增加，最大值为95%；在150～160mg/L时，萌发率反而随着浓度的增加而降低。竹节参种子的萌发势(GT)同样遵循萌发率规律，浓度为130～150mg/L时，萌发势随浓度的增加而增大；在150～160mg/L时，萌发势随浓度的增加而减小。但是萌发指数(GI)却有所不同，在130～150mg/L时，萌发指数随浓度的增加而增大；在 150～155mg/L 时，萌发指数从最大值的 0.38 降到 0.11；到 160mg/L 时，数值出现反弹，增加到 0.24(表 2-1)。

表 2-1　GA_3 对竹节参种子萌发的影响

GA_3 浓度 /(mg/L)	种子萌发数 /粒	萌发时间 /d	最大萌发数/粒 (萌发时间/d)	萌发率 /%	萌发势	萌发指数
130	13(20)	32	4(20)	65±0.14	332.8±0.11	0.08±0.02
140	15(20)	28	6(18)	75±0.05	358.9±0.08	0.18±0.12
145	17(20)	28	4(12)	85±0.20	386.5±0.49	0.20±0.15
150	19(20)	25	6(12)	95±0.16	420.2±0.25	0.38±0.06
155	17(20)	30	3(15)	85±0.09	362.6±0.01	0.11±0.34
160	14(20)	29	2(10)	70±0.05	312.4±0.15	0.24±0.17
CK(对照)	12 (20)	34	3(16)	60±0.07	328.7±0.64	0.06±0.41

从竹节参种子萌发时间、萌发率和萌发势 3 个参数的变化趋势来看，在固定浸种时间为 24h、浸种温度为 25℃的条件下，以 GA_3 浓度为 150mg/L 时，竹节参种子的萌发效果最佳。

1.2　浸种时间对竹节参种子萌发的影响

在正常萌发条件下，竹节参种子的萌发时间为 34 天，最大萌发数为第 16 天的 3 粒，萌发率为 60%。可是在不同的浸种时间处理条件下，萌发时间从正常的 34 天降到 20 天，提前了 14 天，种子萌发数从对照组的 12 粒上升到 18 粒，萌发率由对照组的 60%上升到 90%，每天最大萌发数由对照组的 3 粒上升到 6 粒。单独从萌发率来看，在浸种 18～24h 时，竹节参种子的萌发率随着浸种时间的增加而提高，最大萌发率为 24h 时的 90%；但在 24～26h 时，萌发率反而降低了 15%。萌发指数的变化趋势与萌发率的变化趋势相同，在 18～24h 时，随浸种时间的延长而增大，最大值为 24h 时的 0.54；在 24～26h 时，随浸种时间的增加萌发率降低(表 2-2)。在本试验中，竹节参种子的萌发势没有上述变化规律，而是呈现大小间隔的变化趋势。

表 2-2　浸种时间对竹节参种子萌发的影响

浸种时间/h	种子萌发数 /粒	萌发时间 /d	最大萌发数/粒 (萌发时间/d)	萌发率 /%	萌发势	萌发指数
18	10(20)	31	3(17)	50±0.45	464.8±0.28	0.06±0.21
20	13(20)	28	5(14)	65±0.17	317.5±0.15	0.16±0.23
22	16(20)	25	6(12)	80±0.10	295.8±0.79	0.32±0.14
24	18(20)	20	6(10)	90±0.26	374.1±0.45	0.54±0.06
26	15(20)	30	3(15)	75±0.02	352.4±0.11	0.10±0.83
CK(对照)	12 (20)	34	3(16)	60±0.05	328.7±0.35	0.06±0.41

从萌发时间、萌发率和萌发指数 3 个参数数据来看，在 GA_3 溶液浓度为 150mg/L、浸种温度为 25℃的条件下，浸种时间以 24h 为宜，此时竹节参种子的萌发效果最佳，各项指标参数合理。

1.3　浸种温度对竹节参种子萌发的影响

同对照组相比，随着浸种温度的不同，萌发时间从 34 天降到 15 天，缩短了 19 天；每天最大萌发数由对照组的 3 粒增加到 5 粒，萌发率由对照组的 60%增加到 90%，种子萌发数由 12 粒增加到 18 粒。单独从所考察的参数分析来看，萌发率在 10～25℃时随着浸种温度的增加而提高，由 10℃时的 55%增加到 25℃时的 90%，增加幅度为 63.6%。在 25～35℃时随浸种温度的增加萌发率降低，由最大值 90%降至 50%，下降幅度为 44.4%。萌发指数的变化规律是在 10～30℃时，随浸种温度的增加萌发指数增大，变化幅度由 10℃时的 0.05 增加到 30℃时的 0.5，变幅达 90%。萌发势的变化趋势与萌发率相同，在 10～25℃时随着浸种温度的增加而提高，由 10℃时的 289.5 上升到 25℃时的 401.2，增加幅度为 38.6%。在 25～35℃时随浸种温度的增加萌发势降低，由 25℃时的 401.2 下降到 35℃时的 208.6，下降幅度为 48.1%(表 2-3)。

表 2-3　浸种温度对竹节参种子萌发的影响

浸种温度/℃	种子萌发数/粒	萌发时间/d	最大萌发数/粒(萌发时间/d)	萌发率/%	萌发势	萌发指数
10	11(20)	30	2(15)	55±0.09	289.5±0.41	0.05±0.22
15	13(20)	28	3(16)	65±0.38	317.4±0.17	0.09±0.51
20	16(20)	26	2(13)	80±0.11	346.8±0.08	0.09±0.37
25	18(20)	22	5(10)	90±0.25	401.2±0.44	0.41±0.01
30	15(20)	15	4(8)	75±0.48	211.5±0.31	0.50±0.54
35	10(20)	18	3(6)	50±0.35	208.6±0.41	0.28±0.36
CK(对照)	12(20)	34	3(16)	60±0.07	328.7±0.64	0.06±0.41

从萌发时间、萌发率、萌发指数和萌发势 4 个参数来看，在浸种时间为 24h、GA_3 溶液浓度为 150mg/L 的条件下，竹节参种子的浸种温度以 25℃为宜，此时种子的萌发率最大，萌发时间相对合理。

1.4　正交试验优化竹节参种子萌发条件

由表 2-4 所示正交试验结果极差(GP-*R*)值可以看出，对竹节参种子萌发率影响最大的为浸种时间，GA_3 浓度和浸种温度次之，效果等同；GA_3 浓度对应的最大 GP-*K* 值为 230，浸种时间对应的最大 GP-*K* 值为 240，浸种温度对应的最大 GP-*K* 值为 230。

表 2-4　竹节参种子萌发的正交试验

试验号	A[GA_3浓度/(mg/L)]	B(浸种时间/h)	C(浸种温度/℃)	D(误差)	萌发率(GP)/%	萌发指数(GI)
1	145	22	20	1		
2	145	24	25	2		
3	145	26	30	3		0.06
4	150	22	25	3		0.32
5	150	24	30	1	65	0.04
6	150	26	20	2	80	0.47
7	155	22	30	2	50	0.68
8	155	24	25	3	75	0.38
9	155	26	20	1	85	0.05
GP-K_1	195	205	195	210	70	0.45
GP-K_2	230	240	230	215	65	0.03
GP-K_3	200	180	200	200	75	
GP-R	35	60	35	15	60	
GP-S	239	606	239	186		
GI- K_1	0.42	0.58	0.47	0.77		
GI- K_2	1.53	1.45	1.24	0.75		
GI- K_3	0.53	0.45	0.77	0.96		
GI-R	1.11	1.00	0.77	0.21		
GI-S	0.519	0.197	0.100	0.009		

注：K_1、K_2、K_3代表对应因素水平的萌发率和萌发指数的和，$R=(K_{max}-K_{min})/3$。

同理，从极差 GI-R 值可以看出，3 个因素对竹节参种子萌发指数影响的主次顺序依次是 GA_3 浓度、浸种时间和浸种温度；依次对应的最大 GI-K 值分别为 1.53、1.45、1.24。直观分析指出，在试验设置范围内，竹节参种子萌发率的优化组合为 $A_2B_2C_2$，即 GA_3 浓度为 150mg/L，浸种时间为 24h，浸种温度为 25℃；萌发指数的优化组合则为 $A_2B_2C_2$(图 2-1～图 2-6)。

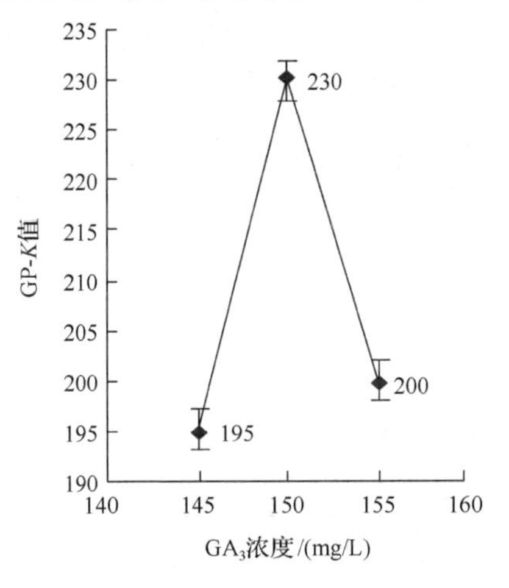

图 2-1　GA_3 浓度对 GP-K 的影响

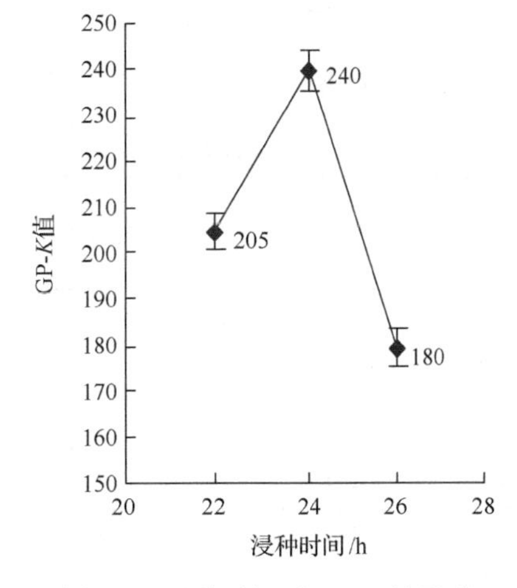

图 2-2　浸种时间对 GP-K 的影响

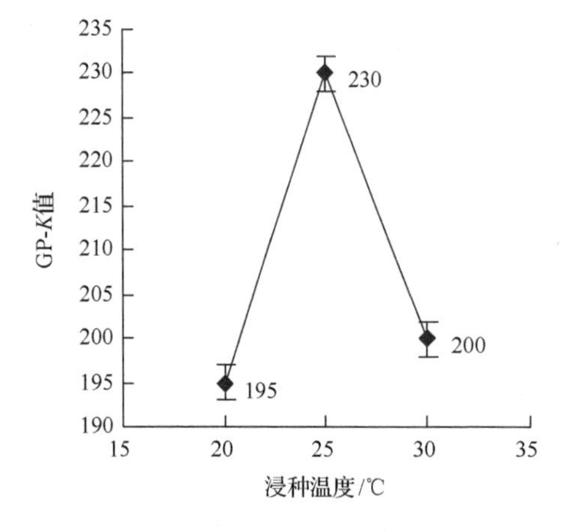

图 2-3　浸种温度对 GP-*K* 值的影响

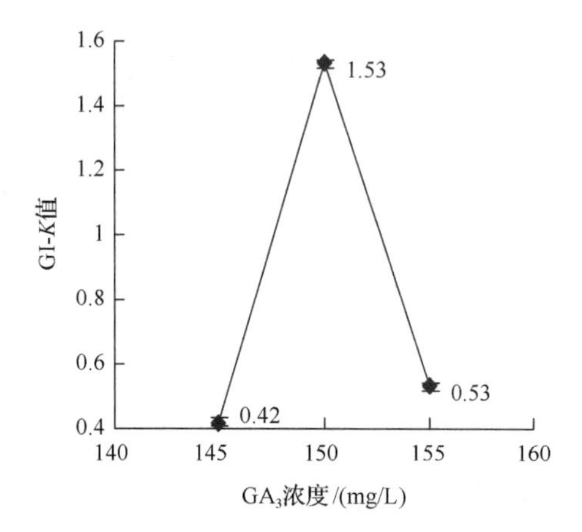

图 2-4　GA_3 浓度对 GI-*K* 值的影响

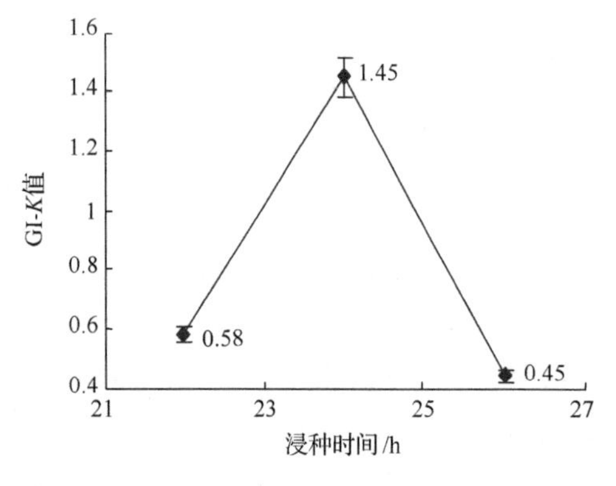

图 2-5　浸种时间对 GI-*K* 值的影响

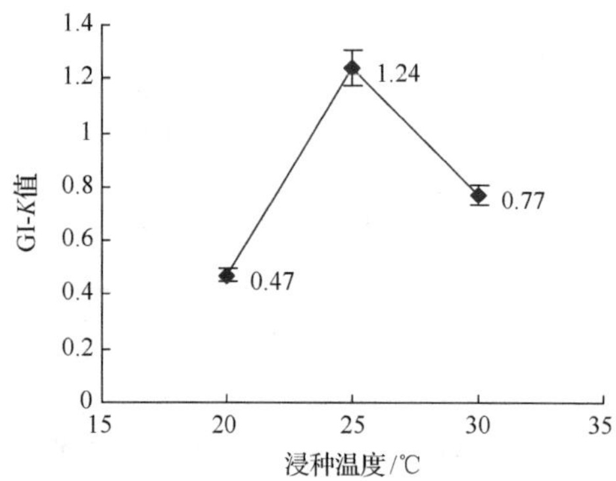

图 2-6　浸种温度对 GI-*K* 值的影响

竹节参种子萌发正交试验方差分析(表 2-5)指出，在所设置的水平梯度范围内，GA_3 浓度、浸种时间和浸种温度对竹节参种子的萌发率的影响在统计学水平上差异不显著；但对于其种子的萌发指数的影响均达到极显著水平。

表 2-5　竹节参种子萌发影响因素方差分析

方差来源	离差平方和		自由度	均 方		*F* 值		显 著 性	
	GP	GI		GP	GI	GP	GI	GP	GI
A(GA_3 浓度)	239	0.519	2	119.5	0.2595	1.28	57.67	*	*
B(浸种时间)	606	0.197	2	303	0.0985	3.26	21.89	*	*
C(浸种温度)	239	0.100	2	119.5	0.0500	1.28	11.11	*	*
D(误差)	186	0.009	2	93	0.0045				

注：$F_{0.05(2,\ 9)}$=4.26；$F_{0.01(2,\ 9)}$=8.02; 2；*表示在 0.05 水平上显著。

植物种子萌发是一个复杂的过程，至今尚未能清楚地阐明其调控机制，但对休眠性植物种子用低温(5℃)沙藏层积处理可提高种子发芽率已早有报道。竹节参从每年秋末冬初开始，其种子在植株上已经成熟，但从生殖生理的角度看并未成熟，必须经过60～70天的自然低温处理，胚在形态和生理上才能够完全成熟。另外，从生态环境来看，竹节参主要生长在海拔2000m左右的地带，在每年的冬季正好是温度较低的季节，有利于低温诱导胚的后熟。现代研究已经证实，竹节参种子具有典型的休眠作用。因此，用低温沙藏处理，可能会增加种子内源赤霉素含量，促进种子后熟，解除种子休眠，对提高萌发率具有一定的促进作用。外源赤霉素是打破植物种子休眠、提高种子萌发率的主要方法之一，但所施加赤霉素浓度、处理温度和时间不同，效果会有所差异。竹节参种子萌发的单因素试验结果表明，GA_3的最适浓度为150mg/L，最适浸种温度为25℃，最适浸种时间为24h；与此最适萌发条件相应的萌发率依次为95%、90%、90%。而竹节参种子萌发的$L_9(3^4)$正交试验结果表明，对竹节参种子萌发率影响最大的为浸种时间，GA_3浓度和浸种温度次之；对萌发指数影响的主次顺序依次是GA_3浓度、浸种时间和浸种温度。在试验设置范围内，竹节参种子萌发率的优化组合为$A_2B_2C_2$，即GA_3浓度为150mg/L、浸种时间为24h、浸种温度为25℃；萌发指数的优化组合也是$A_2B_2C_2$，即GA_3浓度为150mg/L、浸种时间为24h、浸种温度为25℃。在统计学水平上，所有因子的不同梯度水平对竹节参种子萌发率的影响无显著差异，但对于萌发指数则达到极显著水平。因此本试验表明，在一定范围(时间和温度)内，不同浓度的赤霉素能显著促进竹节参种子的萌发，但不是浓度越大萌发率越高。

第二节　组培繁殖技术

2.1　不同消毒方法对竹节参愈伤组织诱导的影响

竹节参的嫩茎和叶对乙醇的敏感度较高，掌握适当的乙醇处理时间对获得茎和叶的无菌外植体非常重要。竹节参果实是浆果，种皮较为粗糙，播种前需经沙埋后熟处理，胚在剥离前，本身的污染就较严重，且竹节参子叶淀粉化程度高，导致消毒难度大。结果如表2-6所示，种子经75%乙醇处理60s后经0.1%氯化汞浸泡12min消毒所获得的胚具有较高的成活率和较低的污染率；嫩茎和叶片采用75%乙醇处理15s后5%次氯酸钠浸泡5min，能达到较好的消毒效果。

表 2-6 不同消毒方法对竹节参外植体成活率的影响

外植体	处理方法	接种数	污染数	污染率/%	存活数	成活率/%
种子	75%乙醇 30s，0.1%氯化汞浸泡 12min	30	29	96.67	0	0
	75%乙醇 45s，0.1%氯化汞浸泡 12min	30	26	86.67	1	3.33
	75%乙醇 60s，0.1%氯化汞浸泡 12min	30	20	66.67	5	16.67
茎	75%乙醇 10s，5%次氯酸钠浸泡 5min	30	19	63.33	10	33.33
	75%乙醇 15s，5%次氯酸钠浸泡 5min	30	13	43.33	16	53.33
	75%乙醇 20s，5%次氯酸钠浸泡 5min	30	8	26.67	13	43.33
叶	75%乙醇 10s，5%次氯酸钠浸泡 5min	30	16	53.33	8	26.67
	75%乙醇 15s，5%次氯酸钠浸泡 5min	30	10	33.33	13	43.33
	75%乙醇 20s，5%次氯酸钠浸泡 5min	30	5	16.67	10	33.33

2.2 不同激素水平对竹节参愈伤组织诱导的影响

2.2.1 光照条件下不同激素水平对不同外植体愈伤组织诱导

在光照条件下，竹节参胚和茎段所诱导出的愈伤组织均出现不同程度的褐化（图 2-7A、B），统计结果见表 2-7。竹节参胚接种到相应浓度的培养基上 25 天左右开始发芽，继而基部形成愈伤组织，继续培养 45 天左右，萌发的小苗开始枯萎死亡，愈伤组织继续生长。茎段接种到相应浓度的培养基上 5 天左右，茎两端切口处开始膨大，10 天左右长出淡黄绿色愈伤组织，愈伤组织增殖较快。叶接种到相应浓度的培养基后 20 天左右开始形成愈伤组织，诱导出的愈伤组织生长缓慢，疏松易碎，呈晶体状，相对于胚和嫩茎诱导出的愈伤组织，褐化程度较轻，但增

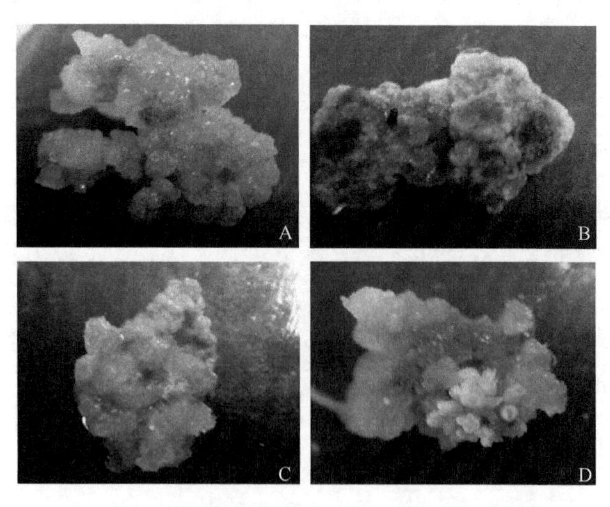

图 2-7 愈伤组织诱导（彩图请扫封底二维码）

A、B.光照条件下不同褐化程度愈伤组织；C.黑暗条件下的愈伤组织；D.黑暗条件下产生体细胞胚愈伤组织

殖速率较慢。极差和方差分析如表 2-8 所示，在光照条件下萘乙酸(NAA)和 2,4-二氯苯氧乙酸(2,4-D)对竹节参的胚、茎和叶愈伤组织诱导的影响达到极显著水平。激动素(KT)对胚愈伤组织的诱导达到显著水平，对茎和叶愈伤组织的诱导影响则不显著。

表 2-7　光照条件下竹节参不同外植体愈伤组织诱导正交试验

编号	激素水平			胚		茎		叶	
	NAA /(mg/L)	2, 4-D /(mg/L)	KT /(mg/L)	诱导率 /%	褐化程度	诱导率 /%	褐化程度	诱导率 /%	褐化程度
1	0.5	0.5	0.1	60.00	+++++	66.67	+++++	10.00	+
2	0.5	1.0	0.2	66.67	++++	76.67	++++	36.67	++
3	0.5	1.5	0.3	60.00	+++++	63.33	+++++	20.00	++
4	1.0	0.5	0.2	63.33	+++	66.67	+++	23.33	++
5	1.0	1.0	0.3	76.67	++	86.67	++	43.33	++
6	1.0	1.5	0.1	83.33	++	90.00	++	43.33	++
7	1.5	0.5	0.3	70.00	+++	76.67	+++	33.33	+
8	1.5	1.0	0.1	96.67	+	100.00	+	50.00	+
9	1.5	1.5	0.2	100.00	++	100.00	++	56.67	+

注：用“+”表示褐化程度，将褐化程度分为五个等级，“+”越多表示褐化程度越高。

表 2-8　光照条件下竹节参不同外植体愈伤组织诱导正交试验极差及方差分析

材料		NAA	2, 4-D	KT
胚	K_1	62.22	64.44	80.00
	K_2	74.44	80.00	76.67
	K_3	88.89	81.11	68.89
	R	26.67	16.67	11.11
	F	55.97**	25.52**	7.40*
茎	K_1	68.89	70.00	85.56
	K_2	81.11	87.78	81.11
	K_3	92.22	84.44	75.56
	R	23.33	17.78	10.00
	F	40.32**	24.68**	3.29
叶	K_1	22.22	22.22	34.44
	K_2	36.66	43.33	38.89
	K_3	46.67	40.00	32.22
	R	24.45	21.11	6.67
	F	46.08**	38.69**	–0.41

注：$F_{0.05(2,9)}$=5.117；$F_{0.01(2,9)}$=10.56；*表示在 0.05 水平上显著，**表示在 0.01 水平上显著。

三种激素对胚、茎和叶愈伤组织诱导的影响程度大小都是 NAA＞2,4-D＞KT，从正交试验优先原则和诱导率选择判断来看，胚用 1.5mg/L NAA+1.5mg/L 2,4-D+0.1mg/L KT、茎用 1.5mg/L NAA+1.0mg/L 2,4-D+0.1mg/L KT、叶用 1.5mg/L NAA+1.0mg/L 2,4-D+0.2mg/L KT 的激素配比能较好地诱导出愈伤组织，茎相对于胚和叶片较易诱导出愈伤组织，且其增殖速率快。

2.2.2　黑暗条件下不同激素水平对不同外植体愈伤组织诱导

黑暗条件下竹节参愈伤组织的诱导情况见表 2-9，“—”表示没有出现褐化。三种外植体在黑暗条件下诱导出的愈伤组织均呈黄色或淡黄色，不发生褐化(图 2-7C)，试验表明在竹节参的愈伤组织培养过程中，黑暗培养能减轻愈伤组织的褐化，但黑暗条件下愈伤组织的总体诱导率较光照条件下低。茎愈伤组织的诱导率高于胚和叶片。

表 2-9　黑暗条件下竹节参不同外植体愈伤组织诱导正交试验

编号	激素水平			胚		茎		叶	
	NAA/(mg/L)	2, 4-D/(mg/L)	KT/(mg/L)	诱导率/%	褐化程度	诱导率/%	褐化程度	诱导率/%	褐化程度
1	0.5	0.5	0.1	50.00	—	60.00	—	0.00	—
2	0.5	1.0	0.2	56.67	—	66.67	—	10.00	—
3	0.5	1.5	0.3	56.67	—	60.00	—	10.00	—
4	1.0	0.5	0.2	63.33	—	60.00	—	3.00	—
5	1.0	1.0	0.3	70.00	—	70.00	—	16.67	—
6	1.0	1.5	0.1	80.00	—	83. 33	—	13. 33	—
7	1. 5	0. 5	0. 3	56. 67	—	63. 33	—	16. 67	—
8	1. 5	1. 0	0. 1	63. 33	—	73. 33	—	33. 33	—
9	1. 5	1. 5	0. 2	76. 67	—	80. 00	—	30. 00	—

竹节参胚接种到相应激素浓度的培养基上，黑暗条件下，竹节参胚的萌发较光照条件慢 5 天左右，40 天左右形成愈伤组织，萌发的小苗培养一段时间后枯萎死亡，但不影响愈伤组织的生长。竹节参茎段接种到相应激素浓度的培养基上 15 天左右开始形成愈伤组织，愈伤组织呈黄色或淡黄色，接种在 8 号培养基上的愈伤组织培养 3 个月后有白色体细胞胚形成(图 2-7D)，将其转接于附加 1.5mg/L GA_3 的 MS 培养基上光照培养 25 天后能正常萌发出芽。叶片接种到相应激素浓度的培养基上 25 天左右开始出现晶体状，有疏松易碎的愈伤组织，并且其生长速率较慢。极差分析表明(表 2-10)，三种激素对竹节参胚和叶片愈伤组织诱导的影响程度大小依次为 NAA＞2,4-D＞KT，从正交试验优先原则和诱导率选择判断来看，

胚用 1.0mg/L NAA+1.5mg/L 2,4-D+0.2mg/L KT、叶片用 1.5mg/L NAA+1.0mg/L 2,4-D+0.1mg/L KT 的激素配比能达到较好的诱导效果。三种激素对竹节参茎愈伤组织的影响依次为 2,4-D＞NAA＞KT，激素配比为 1.5mg/L NAA+1.5mg/L 2,4-D+0.1mg/L KT 时能达到较好的诱导效果。整体分析来看，茎的诱导率最高，叶片的诱导率最低。

表 2 10　黑暗条件下竹节参不同外植体愈伤组织诱导正交试验极差及方差分析

材料		NAA	2, 4-D	KT
胚	K_1	54.45	56.67	64.44
	K_2	71.11	63.33	65.56
	K_3	65.56	71.11	61.11
	R	16.66	14.44	4.45
	F	22.21**	15.64**	−0.004
茎	K_1	62.22	61.11	72.22
	K_2	71.11	70.00	68.89
	K_3	72.22	74.44	64.44
	R	10.00	13.33	7.78
	F	5.76*	11.11**	0.82
叶	K_1	6.67	6.56	15.55
	K_2	11.00	20.00	14.33
	K_3	26.67	17.78	14.45
	R	20.00	13.44	1.22
	F	36.38**	16.79**	−0.37

注：$F_{0.05(2,9)}$=5.117；$F_{0.01(2,9)}$=10.56；*表示在 0.05 水平上显著，**表示在 0.01 水平上显著。

方差分析如表 2-10 所示，黑暗条件下 NAA 对竹节参的胚和叶片愈伤组织的诱导影响达到极显著水平，对茎愈伤组织的诱导影响达到显著水平；2,4-D 对三种外植体愈伤组织诱导的影响达到极显著水平；KT 对胚、茎、叶愈伤组织的诱导无显著影响。

2.3　不同激素水平对竹节参芽诱导的影响

将竹节参愈伤组织接种于表 2-11 所示的培养基上 45 天左右从生芽开始萌发，1 号培养基中的少数愈伤组织发芽并生长出根，但所得小苗长势弱(图 2-8A)。5 号和 7 号培养基丛生芽导率能达到 80%以上(图 2-8B)。从生芽形成的启动阶段，芽生长和分化速率较慢，但继续培养 20 天左右，从生芽的生长速率加快，芽分化的数量增多。结果表明竹节参愈伤组织在激素配比为 3.0mg/L 6-苄基腺嘌呤(6-BA)+1.0mg/L GA_3 的培养中从生芽的诱导率最高。

表 2-11　不同激素水平对竹节参丛生芽诱导的影响

编号	激素水平		诱导率/%
	6-BA/(mg/L)	GA_3/(mg/L)	
1	1.0	1.0	50.00
2	1.0	1.5	60.00
3	1.0	2.0	53.33
4	2.0	1.0	56.67
5	2.0	1.5	80.00
6	2.0	2.0	73.33
7	3.0	1.0	86.67
8	3.0	1.5	66.67
9	3.0	2.0	56.67

图 2-8　植株再生(彩图请扫封底二维码)

A.发芽的愈伤组织；B.丛生芽；C.生根培养；D.室外移栽

2.4　不同激素水平对竹节参根诱导的影响

当芽长至 1.5cm 左右，选择生长健壮、发育良好的小苗，将其切下，接种于表 2-12 所示的培养基上，接种 10 天左右小苗开始生根。表 2-12 中的 9 个组合均能诱导竹节参的芽生根(图 2-8C)，但用 1 号、5 号、7 号培养基诱导出的根细弱，在激素配比为 1.0mg/L 6-BA+3.0mg/L 吲哚丁酸(IBA)的 3 号培养基中，芽的生根率最高，根生长健壮，所得的再生试管苗可用于室外移栽。

表 2-12　不同激素水平对竹节参生根的影响

编号	激素水平		生根率/%	平均发根数/条
	6-BA/(mg/L)	IBA/(mg/L)		
1	1.0	1.0	83.33	4
2	1.0	2.0	86.67	6
3	1.0	3.0	100.00	7
4	2.0	1.0	76.67	5
5	2.0	2.0	90.00	6
6	2.0	3.0	93.33	6
7	3.0	1.0	70.00	5
8	3.0	2.0	90.00	6
9	3.0	3.0	83.33	6

2.5　竹节参室外移栽

竹节参为阴生植物，对光的直射较为敏感，其野生环境对遮阴度要求较为苛刻，一年生竹节参要求遮阴度在 60%左右，随着生长年限的增加，遮阴度逐年下降。组织培养中获得的再生植株较脆弱，移栽时严格控制光照强度和空气湿度是移栽成活的关键。移栽试验发现，没有经过复壮培养的竹节参组培苗容易折干而死亡，导致其成活率降低，经壮苗培养则能显著提高其移栽成活率(图 2-8D)。

在植物离体培养过程中导致愈伤组织褐化的因素很多，包括植物种类、外植体的选择、培养基、激素类型与浓度、培养条件等。竹节参的愈伤组织诱导过程中，光照条件下所诱导的愈伤组织均出现不同程度的褐化，而暗培养则没有出现褐化现象，说明光照是影响竹节参愈伤组织褐化的重要因素之一。这一结果与熊丽报道的暗培养能抑制愈伤组织褐化，以及与许传俊研究黑暗条件下组织培养蝴蝶兰时外植体褐变程度较轻的结果一致。这可能与植物体本身内含物质的差异有关。

离体培养过程中激素的类型和浓度对外植体愈伤组织的诱导和植株再生起着至关重要的作用。有研究报道指出，竹节参愈伤组织诱导过程中，单独使用 2,4-D 所诱导出的愈伤组织质地紧密，褐化程度较高。在试验中发现，2,4-D 配合 NAA 和 KT 使用也能诱导出愈伤组织。黑暗条件下竹节参愈伤组织的生长速率较光照条件下慢。丛生芽培养一段时间后，少量新叶出现轻微的白化和玻璃化现象，是环境条件影响还是激素选用和配比导致这种现象产生有待深入研究。试验发现，黑暗条件下愈伤组织在 1.5mg/L NAA+1.0mg/L 2,4-D+0.1mg/L KT 的培养基上能形成白色体细胞胚，其在附加有 1.5mg/L GA_3 的 MS 培养基上能正常萌发出芽，这为竹节参丛生芽的诱导提供了一条途径。

选择适当的消毒剂和消毒方法是获得无菌外植体的关键，本试验中采用氯化汞、次氯酸钠和乙醇作为消毒剂，通过控制适当的消毒时间获得无菌外植体。值得注意的是外植体经消毒剂处理后，第一次洗涤时要迅速，以及时除去表面残留的消毒剂，避免其对外植体的进一步毒害，随后几次洗涤则应适当逐渐延长时间以除去或稀释外植体内部残留的消毒剂。

植物组织培养一般先将种子进行消毒后在培养基上萌发获得无菌苗，再以无菌苗的不同组织、器官作为外植体，或直接取自然生长的植株的不同组织、器官消毒后作为组织培养的外植体。胚诱导出的愈伤组织获得再生植株的频率较高，因而常以胚作为外植体进行再生试验。但竹节参的胚较为幼嫩，剥离难度高，对高毒性和高渗透性的消毒剂异常敏感，直接对胚进行消毒不易掌握处理时间，因而很难获得无菌的胚作为外植体，同时消毒剂对胚具有很强的杀伤力，会使愈伤组织的形成推迟，并降低外植体的再生能力，并且消毒剂在外植体中的残留也会影响后续植株再生，获得的再生植株易产生畸变。本试验先对种子进行消毒后，再剥取胚作为外植体，较易掌握处理时间，避免了消毒剂与胚接触时间过长而影响后续再生试验(罗正伟等，2011)。

第三节　地下块茎繁殖技术

3.1　切块时间与出苗率的关系

从切块时间试验来看，8～9 月切块的处理出苗率高，达 96%；10 月 10 日切块的出苗率也达 86%；11 月 15 日切块的出苗率很低，仅 10%。因此切块繁殖时间是能否出苗的关键，10 月中旬以前处理地下茎尚能进行越冬芽的分化，因而出苗率高；11 月中旬以后切块，因切块后立即进入冬季，越冬过程中休眠芽不分化，但已分化的越冬芽仍能出苗，因而出苗率低，不适宜进行切块繁殖。试验也发现不同部位切块对出苗有一定影响，但并不明显。无论是第 1 节，还是中间节，甚至是肉质根出苗率都在 88%以上。因此，竹节参切块繁殖时整个根状茎和肉质根都可用来作为繁殖材料。

3.2　根状茎粗细与苗大小的关系

重复试验结果表明(表 2-13)，出苗了 92 株(单节或肉质根出现双苗的也只算 1 株)，平均出苗率达 93%以上。也证明只要切块时间在 10 月 10 日以前，出苗率有保证。因此可以认为，竹节参进行切块繁殖是一种可行的加快种苗繁殖的有效途径之一。试验中同时还观察到：切块繁殖出的苗的大小由根茎粗细决定，径粗 1cm 以上的茎段，出的幼苗相当于种子繁殖 2 年生或 3 年生苗，有的甚至能开花结果。径粗在 1cm 以下的茎段，出的幼苗只相当于种子繁殖 1 年生或 2 年生苗；未出苗的当年并未腐烂，仍有芽分化，第 2 年还能出苗。

表 2-13　不同切块处理出苗数(林先明，2006)

切块时间	处理数/块	出苗数/株	出苗率/%	切块部位	出苗数/株	出苗率/%
8 月 1 日	50	48	96	第 1 节	50	100
9 月 4 日	50	49	98	第 2 节	47	94
10 月 10 日	50	43	86	中间节	44	88
11 月 15 日	50	5	10	肉质根	44	88

第四节　种苗栽培技术

4.1　选地与整地

一般选择腐殖质层深厚的缓坡地或林间空地，距水源较近的地方栽培。以林间空地栽培较优，因夏凉冬暖，有利于竹节参生长。质地黏重、贫瘠、地下水位高、排水不良的渍水地不宜栽种竹节参。竹节参喜肥趋湿，忌阳光直射，适宜偏酸性(pH5.5～6.5)土壤生长。种植地一般为落叶阔叶和针叶混交林带，土地以山地黄棕壤和山地棕壤为主。园地选好后，随采随播应在夏季整地翻挖土壤，将树根杂物耙于土表面，并铺盖一层枯枝杂草，晒 1 个月左右，将覆盖物烧尽。需要搭棚遮阴的园地，烧土后就可以搭棚，再细整土壤，每亩(约 666.7m^2)施农家肥 2500kg，并加过磷酸钙 30g，耕翻、耙平。

4.2　定植与遮阴

定植的行距为 20cm×27cm，定植沟厢规格均为畦宽 115cm、畦长 10m，厢面清沟排渍，沟深 25cm。

竹节参幼苗的自然遮阴度为 70%～80%，因此，竹节参苗期必须搭棚遮阴。竹节参属于喜阴作物。在强光照射下，叶片发黄，植株矮小，生长不良，1 年生、2 年生参苗易枯萎死亡。在栽培上采取人工搭棚遮阴，是竹节参正常生长发育的一项基本措施。搭棚材料可以因地制宜，选择经腐耐烂的木材作桩和横杆。桩距 1.8m×2m，棚高 1.6m×1.7m。在木桩顶部架设横、纵杆，绑缚牢固。上铺杂木树枝，使遮阴度达到即可。育苗地棚盖遮阴度应稍大一点。四周设栏，以防人畜践踏。搭设人工棚，遮光处理设置：不遮阴(CK)、45%、55%、65%。4 种处理的小气候呈明显相关关系，平均气温分别为 24℃、20.3℃、19.2℃和 18℃；5cm 下地温分别为 21℃、19.7℃、19.2℃和 18.5℃，相对湿度(RH%)分别为 62%、84%、87%和 96%；最高气温分别为 26℃、21.2℃、20.3℃和 20.0℃，最低气温分别为 15℃、7.0℃、6.8℃和 6.5℃。虽然各处理下小气候不同，但病害发生期阴雨连绵，减轻了小气候的差异，植株发病率各处理分别为 13%、10%、9.5% 和 12.6%，遮阴度处理不同对病害发生的影响不明显，差异不显著。各处理植株长势差异较明显，株高分别为 103cm、98cm、102.3cm、110.7cm，冠幅分别为 4460cm^2、3380cm^2、5929cm^2、6136cm^2，叶色分别为淡绿色、黄绿色、嫩绿色、暗绿色，茎粗分别为 1.3cm、1.2cm、1.5cm 和 1.7cm，根茎全年重分别为 245.0g、311.0g、257.2g 和 115.3g，根茎折干率分别为 35%、33.5%、32%和 30.0%；生物量分别为 301g、411.6g、341.6g、285.0g。

移栽第一年应遮光 65% ，植株各项生长指标合理，而不遮光和遮光率低的两个处理植株日灼损伤严重；随着栽培年龄的增长，竹节参抵抗阳光照射能力提高，光合生产率也逐年提高，在一定范围内，光照越强、植株长势也越快。为了提高单位面积产量，逐年增加遮阴棚透光度是必要的栽培管理措施之一。竹节参不同苗龄及生育阶段对光照强度的适应和极限有待进一步研究。

4.3 移栽规格

竹节参移栽后，前二三年生长量较小，以后生长量逐年增大。5 年生植株单株覆盖面可达 65～70cm。根据这一特点，药农摸索出一条“计划栽植”的路子。当年生苗移栽规格为 13cm×20cm，第二年将株距改为行距，从中间移一株，成为 20cm×26cm，第三年定植规格为 26cm×40cm。

4.4 起苗移栽

起苗时应小心细致，切忌碰撞幼芽，少断须根，避免将根与根茎分离。起苗时，若苗地干旱板结，应在前一天下午浇足一次水，便于起苗。阴雨连绵，土壤湿度过大，或雪霜冰冻时，不宜起苗和移栽。边起苗边整理，将参苗泥土和枯萎的地上部分轻轻剥去，剔除病苗和极小苗。移栽应在阴天进行。根据行距规格，顺畦挖沟。沟宽 7cm，深度依参苗长短而定。挖一沟栽一沟，第二沟土覆盖第一沟苗，循序而进。覆土深浅以芦头入土 1.5cm 或更浅一点。栽完后，把畦面耙平耙细，将剩下的基肥撒于畦面，然后覆盖腐殖土或熏土，再盖一层秸秆杂草，待来春揭去(杨永康和甘国菊，2004)。

第五节 田间管理技术

竹节参的田间管理主要包括除草、松土、追肥、培土、调节遮阴度、防旱排涝和疏花疏果等内容(杨永康和甘国菊，2004)。

5.1 除草

移栽后第 2～3 年，因参苗较小，田间空隙较大，易生杂草。第 4 年以后，田间杂草渐少。除草要勤，保持畦面基本无杂草，以保证竹节参旺盛生长。

5.2　松土

松土结合除草进行。1 年生、2 年生园地行间可用小锄浅刨，减轻地下部分生长阻力。雨后放晴，应及时刨松土表层，以免板结，减少土壤水分蒸发。一般一年松土 3～4 次，即 4～6 月松土 2～3 次，9 月松土 1 次。3 年生以上植株可结合 6 月松土对地下根状茎末端膨大节结进行破皮或切割措施，促发幼芽形成，翌年抽发，可加大单株年生长量。9 月松土，切忌损伤幼芽。

5.3　追肥

竹节参在田间留蓄年限较长，各阶段长势又不尽相同，所以追肥的时间、数量、种类视植株年龄和长势而异。第 1～2 年，当幼芽春季萌动出土前，施一次芽肥，称为“上闷肥”。每亩将人尿兑水浇施(3 份水，1 份尿)，或用尿素 2.5～3kg 拌薰土撒施。4 月参苗出齐后施一次苗肥，每亩施水粪 10～15q[①](q：公担)。5 月每亩施复合肥 5kg 以壮根茎。11 月结合间移施冬肥一次，用捣碎的腐熟牛马粪约 1000kg 拌适量的过磷酸钙(20～25kg)、饼肥(100kg)撒施于畦面，然后覆盖 1.5cm 厚的腐殖土或熏土。第 3 年后，随着竹节参的不断生长施肥量也要随之增加。除适度掌握好壮芽肥外，还要把握好植株出苗展叶后各个生长环节的施肥时间、数量和肥料种类。植株出苗展叶后，地上部进入旺盛生长期，需肥量较前一二年大。4 月施春肥，每亩尿素 5kg，或水粪 15～25q；5 月为雨季，每亩撒施草木灰 100kg；6 月始花期每亩施腐熟的饼肥 100kg、尿素 2～2.5kg，同时喷雾过磷酸钙水溶液(2%)作根外追肥；11 月，剪除枯枝，清洁田园，每亩施冬肥厩肥 1500kg、磷肥 50kg 铺盖畦面，盖住冬芽，以促其翌年旺盛生长。

5.4　培土

大田观察发现，凡根状茎裸露于地表，其表皮暗绿色者，植株较瘦弱、易早衰，根茎较细小而不饱满。根据竹节参根状茎斜向生长而又长不出地表面的特性，必须逐年培土，促进根状茎正常生长，这是提高竹节参产量的一项重要措施。培土主要结合施冬肥进行。冬肥铺入畦面后，再覆盖一层薄土。培土的厚薄因植株年龄而不同，一般培土厚度为 2～2.5cm。1 年生、2 年生植株培薄土，3 年生以上植株逐年增厚。培土以疏松肥沃的腐殖土、熏火土、堆肥为好。不宜在步道挖土作培土用，一是步道泥土结构较差；二是随着年限增长，步道逐年加深，畦边土壤不断被侵蚀，影响畦四周植株生长发育。

---

① 1q=100kg，下同。

5.5 调节遮阴度

竹节参在整个生长发育期间，以半阴半阳的遮阴环境为适宜。在每年的生长发育周期中，由于季节、气候、植株年龄大小和环境条件不同，对光照的需求量也不同。4～5 月雨水较多，园内温度较低，土壤湿度大，遮阴度宜调节至 30%～40%；6～7 月，气温较高，需适当加大遮阴度至 50%左右。海拔 1500m 以上的地区，在种子成熟期应适当加大透光度，促使种子迅速成熟。

5.6 防旱排涝

竹节参既怕干旱又怕涝渍。引起干旱的主要是“伏旱”和“秋旱”。干旱造成土壤畦面发白、裂口，严重时植株枯萎死亡。遇有干旱则应注意浇水。每天下午用清水轻浇、匀浇，畦四周围多浇，保持土壤适宜的含水量。在多雨季节，则应疏通步道，开好拦山沟，保证园内排水畅通。

5.7 疏花疏果

2 年生植株多抽薹开花而很少结实，应在展叶未抽薹时摘除花蕾，减少养分消耗。3 年生以上植株，主花薹多，侧生小花枝结实率极低，需及时摘除，以集中养分供应主花薹结实。主花薹小花较多，适当疏除一部分以保证果实肥壮、籽粒饱满。一般每株小花量控制在 50～60 朵较为适宜。竹节参花薹较长，开花结实时，花盘重量不断加大，使花薹弯曲或折断，必须在植株旁设立支柱，支持花薹直立，绑缚时不能太紧。

5.8 防寒越冬

竹节参喜肥趋湿的特性造成其地下根茎横走向上生长，每年增生一节，且芽孢生于根茎顶端，因而易于露出表土。据观察凡经冬季凌冻根茎及越冬芽裸露地表面呈现绿色的植株，展叶反而较晚，且瘦弱，大部分早衰。为了保证地下根茎及芽孢的正常生长和发育，每年越冬前，结合追施盖头肥，加盖一层厚 5cm 的防寒土，并于第 2 年春季出苗前 10 天撤除。

第六节 病虫害防治技术

竹节参的主要病害有疫病、立枯病、锈腐病、根腐病、菌核病和日灼病等。防治应采取农业综合措施与药剂防治并举方案，做好种子、种苗及土壤消毒工作，忌连作，多雨季节注意及时清沟排涝、松土施肥，在雨天和露水未干时，不能开展田间工作，发现病株应及时清除，并用生石灰消毒病穴，控制传染(杨永康和甘国菊，2004)。

6.1　疫病

(1)病原及病征。疫病又称湿腐病，是竹节参成株期的严重病害之一，每年均有不同程度的发生和危害，严重时造成大面积减产，雨水量大和林下栽培竹节参受害严重。竹节参疫病由疫霉菌侵染所致。此菌属藻菌纲，霜霉目，腐霉科，疫霉属真菌。疫病感染竹节参的叶片、叶柄、花梗、茎和根部。叶片上的病斑呈水浸状，无边缘，暗绿色，如同热水烫过似的，病斑较大而且发展快，能使全部复叶枯萎下垂，俗称“耷拉手巾”，病部出现白色霉层，即分子孢子。茎上端和基部感病，可使全部叶片萎垂。茎部感病呈水浸状，暗绿色凹陷，长斑，最终腐烂倒伏。根部感病后，表现黄褐色软腐，水浸状，逐渐扩展，软化腐烂，根皮很易剥离，重者参根滴水，腐烂，参肉黄褐色有花纹，并有腥臭味，后期外皮带有白色菌丝，常黏着土块成团。

(2)发病规律。疫病菌以菌丝孢子附着在病残体上或土壤中越冬。参根也能带病菌，是第2年的侵染来源。疫病菌侵染竹节参以后，在病部产生游动孢子囊，借风、雨或人的活动进行传播和侵染，高温、高湿条件下疫霉菌可多次侵染，6～8月是发病时期。参床土壤黏重、板结，土壤湿度过大，植株过密，通风透光不良，疫病蔓延很快，如不及时防治，会造成大片死亡。

(3)防治方法。①加强田间管理，保持田间卫生，防止参棚滴水不均匀，床面覆盖落叶，创造良好的通风、排水条件，可以预防疫病的发生。②雨季前，每7～10天喷洒波尔多液120～140倍液，或代森锰锌800倍液，或代森铵1000倍液，或甲基托布津1200倍液。连续喷洒2～3次，叶的反面及茎、果实、床面和参棚都要喷到。③及时拔除病株，病原处用0.5%～1%的高锰酸钾溶液消毒。

6.2　红皮病

(1)发病症状。植株患竹节参红皮病须根枯死，参根变色。轻的带黄色，在土壤条件改善时可逐渐恢复，地上部分无任何症状；重的病根呈黄褐色或暗红褐色，表皮组织变粗，茎叶茧僵状干缩死亡。

(2)发病原因。对土壤植物中铁、锰的分析和病根病原微生物的分离证明，竹节参红皮病是土壤中金属元素(铁、锰等)的毒害反应，致病的主导因素是土壤中积累大量的有毒物质，如锰、铁、铝等，还有还原性的金属元素，主要是活性锰离子。过量的锰可抑制生长，使生长完全停滞以致死亡。

(3)防治方法。①选择地势高、排水良好的参地，避免使用低洼积水的地块栽种竹节参。使用隔年土，经多次耕翻晒垡，使土壤充分腐熟，有利于二价铁离子氧化成三价铁离子，可杜绝或减轻红皮病。②低洼易滞地要做高床，勤松土，以减少土壤水分，提高土壤通透性。同时要经常清理排水沟，避免参地积水。黑土掺 1/4～1/3 的褐黄土，可改善土壤物理性状，减轻红皮病的发生。

6.3　蛴螬和地老虎

(1)危害及症状。蛴螬为金龟子幼虫的总称，又名蛭虫、土蚕、白地蚕、地蚕、地漏子、核桃虫、大头虫、老鸦虫等，属鞘翅目金龟子科。蛴螬是杂合性昆虫。春季解冻后即活动危害，是危害竹节参较严重的一种虫害。幼虫危害竹节参根部，把参根咬成缺刻和丝网状，幼虫也危害接近地面的嫩茎，严重时，参苗枯萎死亡。成虫危害参叶，咬成缺刻状，影响竹节参的光合作用和植株的正常生长。

地老虎又名地蚕、切根虫、土蚕，属鳞翅目夜蛾科。地老虎种类多、食性杂，危害竹节参的多为小地老虎，大地老虎有时也会为害竹节参。地老虎分布广，发生较普遍，在地势低洼处发生严重，以幼虫危害参根。初孵幼虫集中在叶背处危害，3 龄后分散危害，昼伏于 2cm 以内表土中，夜间出来危害，咬断接近地表的竹节参嫩茎及根部。1 只幼虫一夜能危害 3～5 株幼苗，最多达 10 株幼苗。造成严重的苗茎折断。

(2)防治方法。施用充分腐熟的有机肥，在栽种前用 5%西维因 7.5kg/hm^2，拌细土 225kg 撒施。田间发生期用乐果 1600 倍液或敌百虫 800～1000 倍液喷雾茎秆或浇灌地面。

6.4　立枯病

(1)危害及症状。立枯病主要为害参苗，受害苗的茎基部呈黄褐色腐烂，隘缩变细，地上部分折倒，造成大面积死亡。3 年生以上的植株受害后，病茎呈撕裂状。该病为土壤带菌，春季出苗时开始发病，7 月以后发病自行停止。

(2)防治方法。在播种或定植前用 70%代森锰锌 7.5kg/hm^2 进行土壤消毒处理，发病期用 70%代森锰锌 800 倍液或 50%甲基托布津 600 倍液喷雾，每隔 5～7 天 1 次，连续 3 次可控制。

6.5　锈腐病、根腐病和菌核病

(1)危害及症状。锈腐病和根腐病主要为害根和芽孢，使根腐烂变为灰黑色或呈锈红色。菌核病主要危害根部，病根内部腐烂，仅剩参皮，烂根上生长白色绒毛状菌丝，并形成菌核，形如黑色的鼠粪。

(2)防治方法。发病时用 50%多菌灵或 50%甲基托布津 500 倍液浇病穴，及时拔除病株，病穴用生石灰消毒，雨季及时排水，与禾本科作物轮作。

第二篇　竹节参皂苷检测及其生物活性

本篇建立了竹节参皂苷提取工艺和检测方法，跟踪了竹节参皂苷含量积累规律，为竹节参药材的合理采收提供科学依据；从抗氧化、抗肿瘤、抗衰老等方面系统介绍竹节参皂苷生物活性试验及叶的生药学鉴定，为竹节参皂苷进一步开发利用提供药理依据。

第三章 竹节参皂苷检测及含量积累规律

竹节参含有竹节参皂苷、人参皂苷、三七皂苷及伪人参皂苷等多种人参皂苷。根据其结构类型划分为四大类，即齐墩果烷型、达玛烷型、奥寇梯木醇型和甾醇型，其中以齐墩果烷型和达玛烷型(图 3-1)为主。

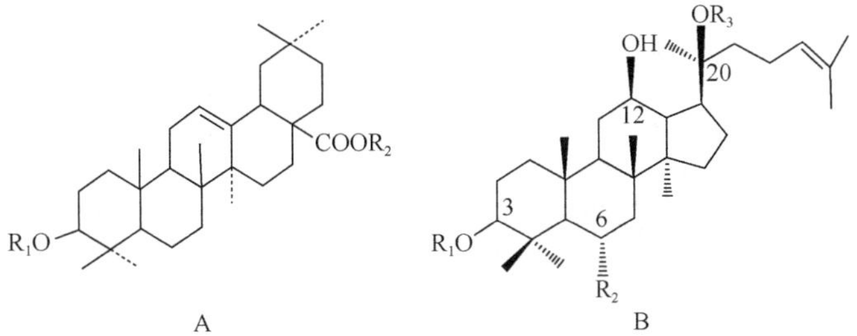

图 3-1 竹节参皂苷类型

A.齐墩果烷型皂苷结构；B.达玛烷型皂苷结构

目前行内公认的竹节参皂苷有 20 余种(表 3-1)，主要有人参皂苷(Rc、Rd、Re、Rg1、Rg2、Rb1)、竹节参皂苷(Ⅰa、Ⅰb、Ⅱ、Ⅲ、Ⅳ、Ⅳa、Ⅴ)和三七皂苷(R1、R2)。在含量分析层面，竹节参皂苷以齐墩果烷型皂苷为主。但竹节参皂苷含量因产地不同而有所变化。冉先德在《中华药海》中报道，竹节参根中含皂苷约 5%；日本报道根状茎含粗皂苷约 23.6%，竹节参皂苷Ⅲ含量约 1.17%，竹节参皂苷Ⅳ约 0.43%，竹节参皂苷Ⅴ约 5.35%；而鄂产野生竹节参含精皂苷为 10.27%，人工栽培含精皂苷为 9.95%；黔产竹节参皂苷含量为 8.6%(张来等，2008)。竹节参为名贵常用中药材，2005 年版《中华人民共和国药典》收载品种。竹节参通常被认为具有滋补强壮，止血通经，舒筋止痛，活血祛瘀，健脾和胃等功能。主治跌打损伤，筋骨疼痛，痈肿，外伤出血，胃痛隔食。由于竹节参在民间的广泛应用，以及在中医临床中应用较多，加上近几年其成为一些中成药及保健食品的成分，越来越受到科研工作者的关注，在生物活性方面取得了一些研究结果。

表 3-1 竹节参中皂苷种类及结构式

皂苷种类	类型	R_1	R_2	R_3
竹节参皂苷Ⅴ	齐墩果烷型	—glcU (2-1) glc	—glc	
竹节参皂苷Ⅳ	齐墩果烷型	—glcU (4-1) araf	—glc	
竹节参皂苷Ⅳa	齐墩果烷型	—glcU	—glc	

续表

皂苷种类	类型	R_1	R_2	R_3
竹节参皂苷 Ⅰb	齐墩果烷型	—glcU(4-1)araf(6-1)glc	—H	
人参皂苷 Rb1	达玛烷型	—glc (2-1) glc	—H	—glc(6-1)glc
人参皂苷 Rc	达玛烷型	—glc (2-1) glc	—H	—glc(6-1)araf
人参皂苷 Rd	达玛烷型	—glc (2-1) glc	—H	—glc
七叶胆皂ⅩⅦ	达玛烷型	—glc	—H	—glc(6-1)glc
竹节参皂苷 Ⅰa	达玛烷型	—glc (6-1) xyl	—H	—H
竹节参皂苷Ⅲ	达玛烷型	—glc (2-1) glc (6-1) xyl	—H	—H
人参皂苷 Re	达玛烷型	—H	—*O*-glc (2-1) rha	—glc
人参皂苷 Rg1	达玛烷型	—H	—*O*-glc	—glc
人参皂苷 Rg2	达玛烷型	—H	—*O*-glc (2-1) rha	—H
三七皂苷 R1	达玛烷型	—H	—glc (2-1) xyl	—glc
三七皂苷 R2	达玛烷型	—H	—glc (2-1) xyl	—H

注：xyl, β-D -xylopynanosyl ；araf, a -L –arabinofuranosyl；rha, a -L –rhamnopyranosyl。

第一节　竹节参皂苷提取工艺

试验结果直观分析(表 3-2)显示，各因素不同水平对竹节参根总皂苷提取有影响，根据对各因素不同水平的主次要求判断如下。

表 3-2　竹节参根中总皂苷提取正交 $L_9(3^4)$ 试验方案及结果

实验号	A[材液比(*m*/*V*)]	B(甲醇浓度/%)	C(提取温度/℃)	D(误差)	总皂苷提取率/%
1	1:8	45	50	1	6.8
2	1:8	65	70	2	8.4
3	1:8	85	90	3	5.9
4	1:10	45	70	3	6.4
5	1:10	65	90	1	7.3
6	1:10	85	50	2	8.8
7	1:12	45	90	2	6.1
8	1:12	65	50	3	7.5
9	1:12	85	70	1	7.0
I	21.1	19.3	23.3	21.1	
II	22.5	23.2	19.8	23.3	
III	20.6	21.7	21.1	19.8	
K_1	7.03	6.43	7.77	7.03	
K_2	7.50	7.73	6.60	7.77	
K_3	6.87	7.23	7.03	6.60	
R	0.63	1.30	1.17	1.17	
S	0.65	7.74	6.26	6.26	

(1)K 值分析判断：因素 A(材液比)取第 2 个水平(A_2，1∶10)为最好，此时 K_2 为最大值(K_2=22.5)；因素 B(甲醇浓度)取第 2 个水平(B_2，65%)最好，此时 K_2 为最大值(K_2=23.2)；因素 C(提取温度)取第 1 个水平(C_1，50℃)最好，此时 K_1 为最大值(K_1=23.3)。

(2)极差 R 值分析判断：从表 3-2 可以看出，$R_B=1.30>R_C=1.17>R_A=0.63$，即在所设置的三个因素中，甲醇浓度对竹节参根中总皂苷的提取率影响最大，提取温度次之，材液比影响最小，其主次关系表示如图 3-2 所示。

甲醇浓度	提取温度	材液比
1.30	1.17	0.63

主 ——————→ 次

图 3-2　影响竹节参根总皂苷提取的主次因素

(3)方差分析判断：竹节参根总皂苷提取工艺结果方差分析(表 3-3)显示，甲醇浓度和提取温度对竹节参根总皂苷提取率的影响达到显著水平[$F=5.560>F_{0.05(2,\ 9)}=4.26$；$F=4.497>F_{0.05(2,\ 9)}=4.26$]，可见二者不同水平之间对竹节参根皂苷的提取影响较大，但这种影响在统计学分析上并未达到极显著水平。

表 3-3　竹节参根中总皂苷提取正交试验方差分析

方差来源	离差平方和	自由度	均方	F 值	显著性
A(材液比)	0.65	2	0.325	0.467	
B(甲醇浓度)	7.74	2	3.870	5.560	*
C(提取温度)	6.26	2	3.130	4.497	*
D(误差)	6.26	9	0.696		

注：$F_{0.05(2,\ 9)}=4.26$；$F_{0.01(2,\ 9)}=8.02$。

(4)工艺验证：根据上述分析所筛选出来的最佳工艺参数，按照提取方法进行工艺验证，即材液比为 1∶8、甲醇浓度为 65%、提取温度为 50℃，结果竹节参根总皂苷提取率为 9.2%，高于正交试验中的任何一个试验，从而验证了该工艺的合理性和科学系性。

上述 K 值分析、极差 R 值分析、方差分析显示三者结果一致，因此竹节参根总皂苷的提取工艺在所设置的范围内参数为 $A_2B_2C_1$，即材液比为 1∶10、甲醇浓度为 65%、提取温度为 50℃(张来等，2015)。

第二节　竹节参总皂苷检测方法与含量积累规律

2.1　总皂苷检测方法考察

2.1.1　波长的选择与线性关系

测定波长扫描结果(表 3-4)显示，竹节参皂苷测试样品和对照品人参二醇在香夹醛-高氯酸-冰醋酸-甲醇显色体系条件下，其波长在 560nm 时，吸光度值均最大，分别为 0.78 和 0.94，故确定 560nm 为测定波长。在此波长条件下，绘制标准曲线（图 3-3），回归方程为 y=0.4024x+0.0043，R^2=0.9999，线性范围为 0.5～2.5μL/mL。

表 3-4　供试品和对照品吸光度-波长测定值

样品液	波长						
	480nm	500nm	520nm	540nm	560nm	580nm	600nm
供试样品液	0.64	0.66	0.69	0.75	0.78	0.68	0.68
对照样品液	0.73	0.84	0.87	0.89	0.94	0.72	0.75

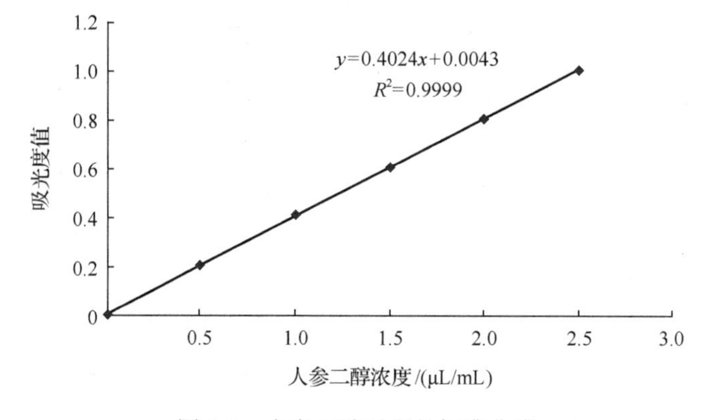

图 3-3　人参二醇对照品标准曲线

2.1.2　重现性和精密度试验

仪器精密度试验和重现性试验结果（表 3-5）显示，其吸光度值的标准偏差（SD）、相对标准偏差（RSD）分别为 1.3×10^{-3}、3.3×10^{-2}、0.14%、3.5%，均小于 5%，说明仪器重现性好、精密度高，能满足试验要求。

表 3-5　仪器精密度和重现性试验

项目	1	2	3	4	平均值	SD	RSD/%
重现性试验	0.945	0.943	0.946	0.946	0.945	1.3×10^{-3}	0.14
精密度试验	0.957	0.918	0.920	0.945	0.936	3.3×10^{-2}	3.5

2.1.3　稳定性试验

仪器稳定性试验结果（表 3-6）显示，在 0～60min，其吸光度值的 SD 和 RSD 分别为 2.41×10^{-3} 和 0.25%，所测值变化幅度不大，说明仪器稳定，能满足试验要求。

表 3-6　仪器稳定性试验

时间	吸光度	平均值	SD	RSD/%
0	0.948			
20	0.945	0.948	2.41×10^{-3}	0.25
30	0.947			
40	0.950			
50	0.949			
60	0.950			

2.1.4　加样回收率试验

加样回收率试验结果(表 3-7)显示,取样品含量为 0.038mg 的竹节参根皂苷测试样品 4 份，分别加入 0.5mg、1mg、1.5mg、2mg 的人参二醇，然后进行测定，其平均回收率和 RSD 分别为 100.19 和 0.46%，可见相对标准偏差小，回收率高，仪器符合试验要求。

表 3-7　测试样品加样回收率试验

样品号	样品中总皂苷含量/mg	人参二醇加入量/mg	测定量/mg	回收率/%	平均回收率/%	RSD/%
1	0.038	0.5	0.541	100.56		
2	0.038	1	1.044	100.57		
3	0.038	1.5	1.532	99.62	100.19	0.46
4	0.038	2	2.040	100.01		

2.2　竹节参根总皂苷含量动态变化

从图 3-4 可以看出，从每一生理周期来看，竹节参根总皂苷含量均为 5 年生＞4 年生＞3 年生＞2 年生＞1 年生，也就是说无论在枯萎期、营养生长期、花期还是在果期，竹节参随着生长年限的增加，其总皂苷含量逐年增加。但在第 1 年到第 4 年,增加幅度较大,均超过 50%,其中枯萎期为 64.6%、营养生长期为 61.8%、花期为 58.8%、果期为 58%。第 4 年到第 5 年增加幅度较小，均小于 9%，其中枯萎期为 3.1%、营养生长期为 7.1%、花期为 8.4%、果期为 5.3%。因此，作为药材一般选择第 4 年或者第 5 年进行采收较为合适，此时总皂苷含量几乎达到最大值(87.2mg/g)。从竹节参每年的生理周期来看，1 年生总皂苷含量，枯萎期为 30.2mg/g、营养生长期为 21.1mg/g、花期为 23.4mg/g、果期为 25.8mg/g；2 年生依次为 41.6mg/g、31.5mg/g、38.8mg/g、46.2mg/g；3 年生依次为 53.4mg/g、36.8mg/g、45.1mg/g、49.6mg/g；4 年生依次为 84.5mg/g、55.3mg/g、56.8mg/g、62.9mg/g；5 年生依次为 87.2mg/g、59.2mg/g、62mg/g、66.4mg/g。可见，其变化规律一般是枯萎期>果期>花期>营养生长期。因此以竹节参根作为药材，一般选择在枯萎期采收较为合适。

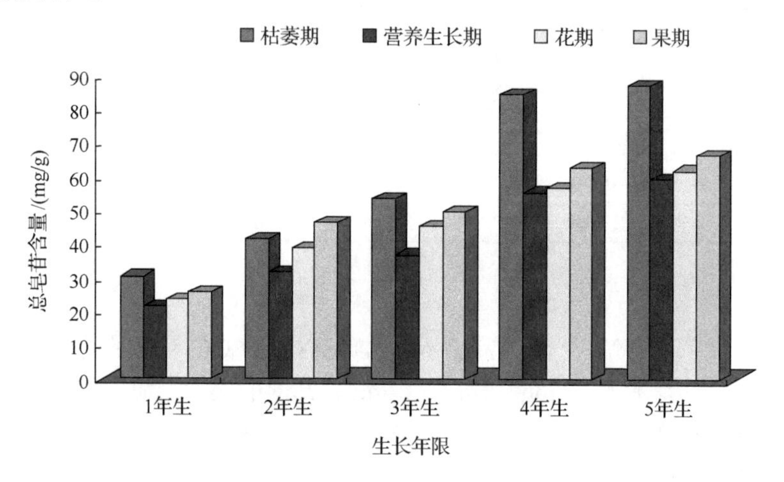

图 3-4　竹节参总皂苷含量动态变化

上述分析指出，以竹节参根作为药材，一般选择五年生的竹节参，在枯萎期进行采收较为合适，此时，竹节参根中总皂苷含量达到最大值(87.2mg/g)。

第三节　竹节参人参皂苷单体检测方法与含量积累规律

3.1　人参皂苷单体检测

3.1.1　线性关系

取 5 种人参皂苷单体 Re、Rg1、Rg2、Rh1 和 Rh2 的对照样品液，在波长为 203nm、进样量为 10μl、流动相为 20%乙腈、流速为 0.8ml/min 的条件下进样，以峰面积与相应的人参皂苷单体对照品溶液浓度建立线性回归方程，结果见表 3-8，其线性范围和相关系数分别在 0.18～15.45μg 和 0.996～0.998，标准对照样品和测试样品色谱图见图 3-5 和图 3-6。

表 3-8　人参皂苷单体的线性回归方程

人参皂苷单体	线性方程	线性范围	相关系数
Re	y=42.08 x +24.25	1.18～6.40μg	0.998
Rg1	y=52.23x+43.87	3.19～15.45μg	0.996
Rg2	y = 40.09x+3.51	0.88～4.50μg	0.999
Rh1	y=115.36x+32.41	0.18～0.95μg	0.996
Rh2	y=98.46x+30.52	0.25～0.83μg	0.997

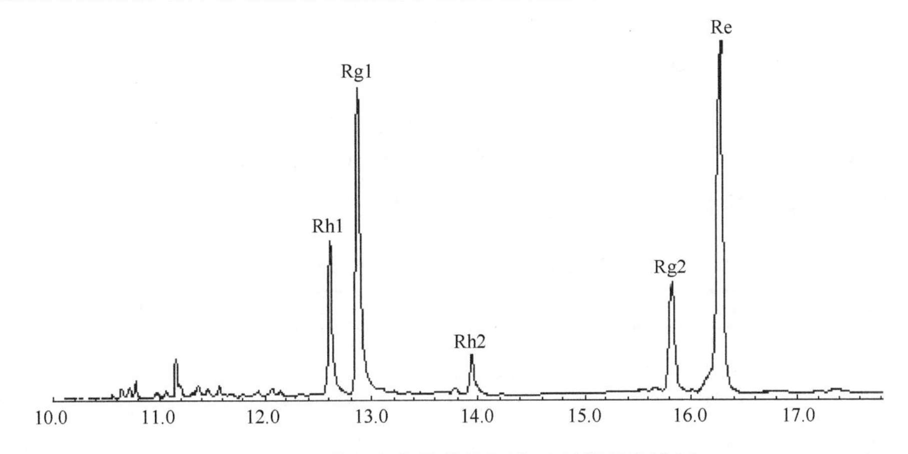

图 3-5　5 种人参皂苷单体标准对照样品色谱图

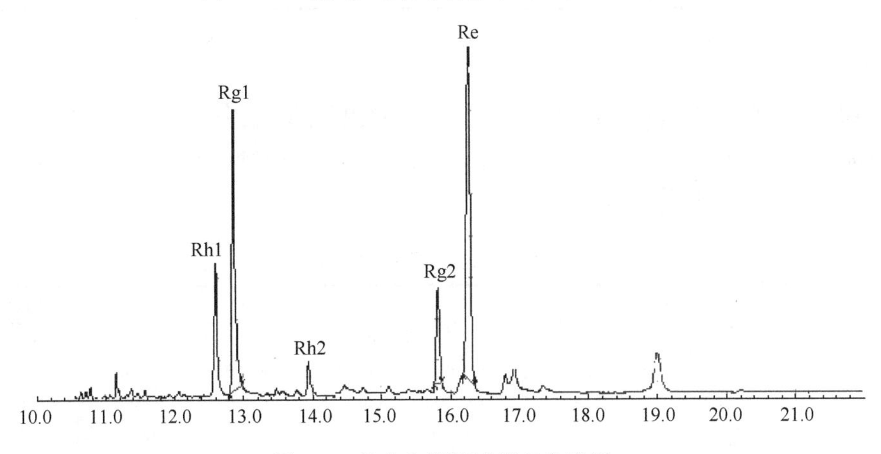

图 3-6　竹节参根测试样品色谱图

3.1.2　重现性试验

重现性试验(表 3-9)指出，5 种人参皂苷单体的峰面积的 RSD 分别为 0.36%、2.33%、1.81%、0.66%、0.62%，均小于 5%。可见试验所用仪器重现性好，RSD 在所控范围之内，能满足试验要求。

表 3-9　人参皂苷重现性试验

人参单体	1	2	3	4	平均值	SD	RSD/%
Re	2 164 187	2 167 230	2 149 529	2 159 350	2 160 074	7 743	0.36
Rh2	86 255	85 197	86 180	82 036	84 917	1 980	2.33
Rh1	762 268	782 732	744 687	755 322	761 252	13 574	1.81
Rg1	937 447	935 376	942 527	951 950	941 825	6 200	0.66
Rg2	374 523	372 134	377 395	376 695	375 187	22 314	0.62

3.1.3　稳定性试验

稳定性试验结果（表 3-10）显示，5 种人参皂苷单体，在 0～24h，其峰面积的 RSD 分别为 0.92%、1.51%、0.29%、2.25%、0.71%，均小于 5%。可见试验所用仪器在 24h 内稳定性好，RSD 在所控范围之内，能满足试验要求。

表 3-10　人参皂苷稳定性试验

人参单体	0h	6h	12h	24h	平均值	SD	RSD/%
Re	82 044	83 037	82 252	81 195	82 132	757	0.92
Rg1	1 437 306	1 462 702	1 455 318	1 490 565	1 461 473	22 134	1.51
Rg2	752 168	749 732	754 687	755 022	752 902	2 162	0.29
Rh1	947 147	945 366	942 128	943 958	944 650	2 128	2.25
Rh2	368 513	364 125	370 385	367 603	367 657	2 624	0.71

3.1.4　精密度试验

精密度试验结果（表 3-11）显示，5 种人参皂苷单体的峰面积的 RSD 分别为 0.14%、0.20%、0.17%、0.00024%、0.71%，均小于 5%。可见试验所用仪器精密度高，RSD 在所控范围之内，能满足试验要求。

表 3-11　人参皂苷精密度试验

人参单体	1	2	3	4	平均值	SD	RSD/%
Re	81 255	81 197	80 980	81 036	81 117	113	0.14
Rg1	2 463 185	2 367 231	2 449 128	2 356 154	2 408 925	47 654	0.20
Rg2	761 265	761 734	759 687	758 892	760 392	1 330	0.17
Rh1	925 417	925 416	924 987	925 451	925 318	221	0.00 024
Rh2	364 127	370 135	365 392	366 297	366 488	2 589	0.71

3.1.5　加样回收率试验

加样回收率试验结果（表 3-12）显示，5 种人参皂苷单体的回收率分别为 105.70%、99.17%、108.82%、99.05%、98.67%；RSD 分别为 1.23%、1.49%、2.27%、0.15%、1.52%，均小于 5%。可见试验所用仪器加样回收率高，RSD 在所控范围之内，能满足试验要求。

表 3-12　人参皂苷加样回收率试验（n=3）

人参皂苷	含量/μg	加入量/μg	测得量/μg	回收率/%	RSD/%
Re	1.65	0.25	2.01	105.70	1.23
Rg1	2.15	0.25	2.38	99.17	1.49
Rg2	1.45	0.25	1.85	108.82	2.27
Rh1	1.85	0.25	2.08	99.05	0.15
Rh2	1.25	0.25	1.48	98.67	1.52

3.2　人参单体皂苷含量动态变化规律

1 年生竹节参根中人参皂苷单体含量测定结果(图 3-7)显示，在枯萎期，含量最高的是 Re(1.24mg/g)，其次是 Rh1(0.78mg/g)和 Rg1(0.65mg/g)，含量较低的是 Rh2(0.59mg/g)和 Rg2(0.41mg/g)；营养生长期含量最高的是 Rg1(0.71mg/g)和 Rh2(0.70mg/g)，其次是 Rh1(0.64mg/g)，含量最低的是 Re(0.31mg/g)；花期含量高低依次是 Rh1(0.72mg/g)、Rh2(0.63mg/g)、Rg1(0.52mg/g)、Re(0.47mg/g)、Rg2(0.28mg/g)；果期含量较高的是 Re(0.85mg/g)和 Rg1(0.80mg/g)，其次是 Rh2(0.64mg/g)和 Rh1(0.56mg/g)，含量最少的是 Rg2(0.39mg/g)。分析发现，Rh1 和 Rh2 含量呈相反变化趋势，即 Rh1 含量高的时候，Rh2 含量就低；Rh1 含量低的时候，Rh2 含量就高。这一现象是否说明二者之间存在相互转化，有待进一步研究。

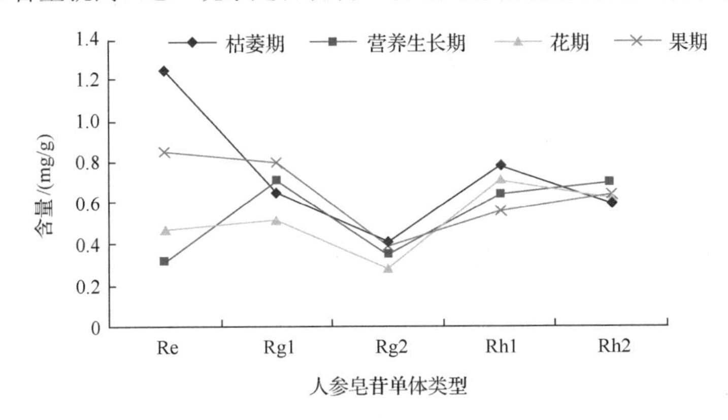

图 3-7　1 年生竹节参根中人参皂苷单体含量动态变化

2 年生竹节参根中人参皂苷单体含量测定结果(图 3-8)显示，5 种人参皂苷单体含量在不同生长期，其含量均大于 1 年生的竹节参，其中含量最高的是枯萎期的 Re，含量高达 2.35mg/g；最低的是营养生长期的 Re，仅为 0.39mg/g。但变化规律与 1 年生却不大相同，其变化趋势为，枯萎期：Re＞Rh1＞Rg1＞Rg2＞Rh2；营养生长期：Rh2＞Rg1＞Rh1＞Rg2＞Re；花期：Re＞Rh1＞Rh2＞Rg1＞Rg2；果期：Re＞Rg1＞Rh2＞Rh1＞Rg2。同样，Rh1 和 Rh2 的含量呈现相反的变化趋势。

3 年生竹节参根中人参皂苷单体含量测定结果(图 3-9)显示，5 种人参皂苷单体中，每一个时期含量最高的均为 Re，其次是 Rg1。其中含量最高的是枯萎期的 Re(6.18mg/g)，最低的是花期的 Rg2(0.66mg/g)。每一个时期的变化规律为，枯萎期：Re＞Rg1＞Rh1＞Rg2＞Rh2；营养生长期：Rg1＞Re＞Rh1＞Rg2＞Rh2；花期：Re＞Rg1＞Rh1＞Rg2＞Rh2；果期：Re＞Rg1＞Rh1＞Rg2＞Rh2。同样，Rh1 和 Rh2 的含量呈现相反的变化趋势。每一种人参皂苷单体的含量均高于 2 年生的竹节参。

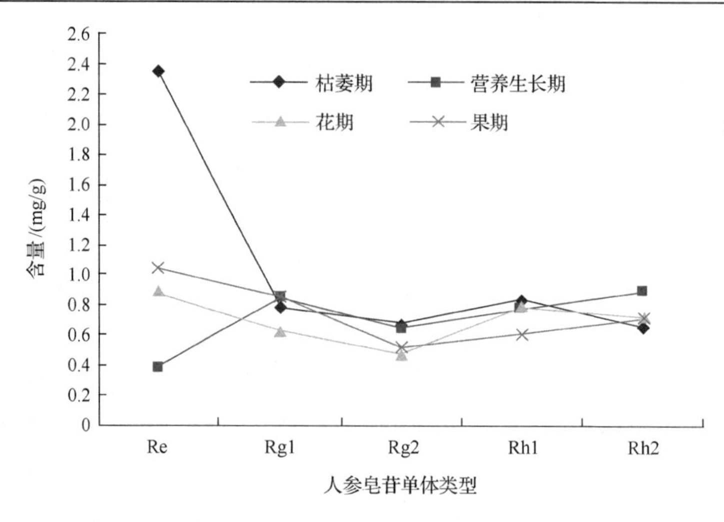

图 3-8　2 年生竹节参根中人参皂苷单体含量动态变化

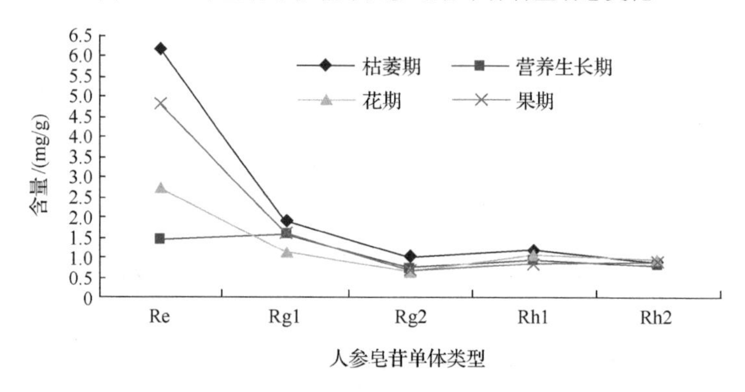

图 3-9　3 年生竹节参根中人参皂苷单体含量动态变化

4 年生竹节参根中人参皂苷单体含量测定结果(图 3-10)显示，5 种人参皂苷单体含量变化趋势与 3 年生几乎一样，只是每一种人参皂苷单体含量比 3 年生有所

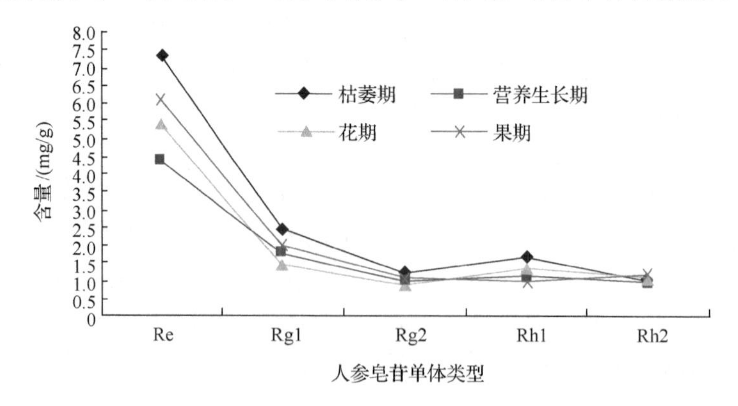

图 3-10　4 年生竹节参根中人参皂苷单体含量动态变化

增加，其中含量相对较高的是 Re，其最大值为枯萎期的 7.33mg/g；最小值为营养生长期的 4.36mg/g，平均为 5.81mg/g。在所有人参皂苷单体中，含量最低的是花期的 Rg2，仅为 0.85mg/g。Rh1 和 Rh2 在每一个时期同 1 年生、2 年生、3 年生一样呈现相反的变化趋势。具体每种人参皂苷单体在每一时期的变化规律为，枯萎期：Re＞Rg1＞Rh1＞Rh2＞Rg2；营养生长期：Re＞Rg1＞Rh1＞Rg2＞Rh2；花期：Re＞Rg1＞Rh1＞Rh2＞Rg2；果期：Re＞Rg1＞Rh2＞Rg2＞Rh1。

5 年生竹节参根中人参皂苷单体含量测定结果（图 3-11）显示，5 种人参皂苷单体含量变化趋势与 4 年生完全一样，只是每一种人参皂苷单体含量比 4 年生有所增加，除花期的 Rg2 外，在每一个时期，5 种人参皂苷单体的含量均大于 1.0mg/g，其中 Re 的最大值是枯萎期的 7.86mg/g，最小值是营养生长期的 5.07mg/g，平均为 6.67mg/g；Rg1 的最大值是枯萎期的 3.02mg/g，最小值是花期的 1.81mg/g，平均为 2.46mg/g；Rg2 的最大值是枯萎期的 1.47mg/g，最小值是花期的 0.93mg/g，平均为 1.13mg/g；Rh1 的最大值是枯萎期的 1.72mg/g，最小值是果期的 1.03mg/g，平均为 1.36mg/g；Rh2 的最大值是果期的 1.24mg/g，最小值是营养生长期的 1.08mg/g，平均为 1.15mg/g。Rh1 和 Rh2 的含量变化趋势在每一个时期同 1 年生、2 年生、3 年生、4 年生一样呈现相反的变化趋势。

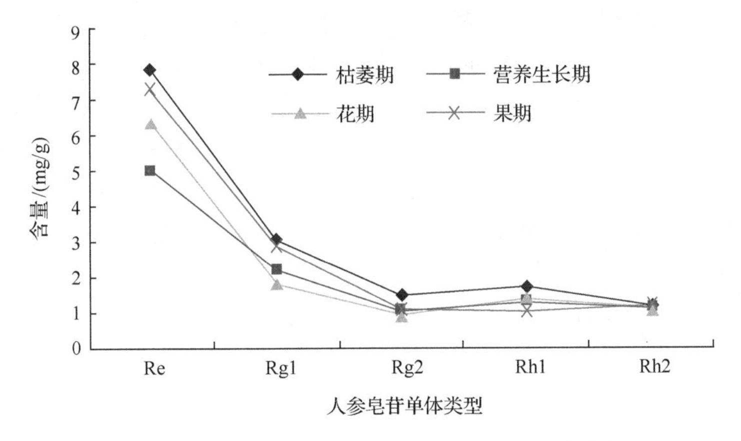

图 3-11　5 年生竹节参人参皂苷单体含量动态变化

通过对竹节参根总皂苷提取工艺和含量检测分析，以及竹节参单体皂苷测定和含量动态追踪研究，得出以下结论：

（1）在所设置的参数及其各因素梯度水平条件下，竹节参根总皂苷的提取工艺为 $A_2B_2C_1$，即材液比为 1∶10、甲醇浓度为 65%、提取温度为 50℃。方差分析指出，甲醇浓度和提取温度对竹节参根总皂苷提取率的影响较大，达到显著水平[F=5.560＞$F_{0.05(2,9)}$=4.26；F=4.497＞$F_{0.05(2,9)}$=4.26]。

（2）以香夹醛-高氯酸-冰醋酸-甲醇为显色体系，在波长 560nm 时，建立的回

归方程为 y=0.4024x+0.0043，R^2=0.9999，线性范围为 0.5～2.5μL/mL。重现性试验、稳定性试验、精密度试验和加样回收率试验的RSD分别为0.14%、3.5%、0.25%、0.46%，均小于 5%，在所控范围之内，说明仪器重现性和稳定性好，精密度和加样回收率高。

(3) 5 种人参皂苷单体 Re、Rg1、Rg2、Rh1 和 Rh2 在波长 203nm 下，以峰面积与相应的人参皂苷单体溶液浓度建立线性回归方程依次为，y=42.08x+24.25、y=52.23x+43.87、y = 40.09x+3.51、y=115.36x+32.41、y=98.46x+30.52，其线性范围和相关系数分别为 0.18～15.45μg 和 0.996～0.998。仪器重现性试验、稳定性试验、精密度试验和加样回收率试验指出，其 RSD 均小于 5%，在所控范围之内，说明仪器重现性好，稳定，精密度和加样回收率高，符合样品测试要求。

(4) 竹节参根中总皂苷含量变化规律表现在两个方面：一方面是随着生长年限的增加，其总皂苷含量逐年增加，其中 1 年生竹节参到 4 年生竹节参总皂苷含量变化幅度较大，超过 50%；4 年生到 5 年生相对较小，仅为 9%。在所测定的时间范围内，5 年生竹节参根中总皂苷达到最大值，为 87.2mg/g。另一方面，在每年的不同生长期，其含量变化规律是枯萎期＞果期＞花期＞营养生长期。因此，以竹节参根为药材，一般选择 4 年生的竹节参，在枯萎期采收较为合适，此时根中总皂苷积累几乎达到最大值。5 种人参皂苷单体含量随着生长年限的增加而提高，除 Rg2 外，5 年生竹节参的其他 4 种人参皂苷单体含量均超过 1mg/g。在同一生长年限的不同生长时期，与其他 4 种人参皂苷单体含量相比较，Re 含量均处于较高水平。5 年生竹节参根中 Re、Rg1、Rg2 和 Rh1 人参皂苷含量最大值均在枯萎期，分别为 7.86mg/g、3.02mg/g、1.47mg/g 和 1.72mg/g，而 Rh2 出现在果期，最大含量为 1.24mg/g。Rh1 和 Rh2 含量呈现相反的变化趋势，即 Rh1 含量高的时，Rh2 含量就低；Rh1 含量低的时，Rh2 含量就高。可见，从含量层面来看，人参皂苷 Re 为竹节参根的标志性产物(张来等，2015)。

第四章　竹节参皂苷生物活性

我国学者于 20 世纪 60 年代开展了竹节参生物活性研究。研究内容涉及抗炎镇痛、免疫调节、抗心肌缺血、降血糖、抗衰老、抗疲劳、抗癌和改善学习记忆功能等多种药理作用。本章从抗氧化、抗肿瘤、抗衰老等方面系统介绍竹节参皂苷生物活性实验以及叶的生药学鉴定，为竹节参皂苷进一步开发利用提供药理实验支持。

第一节　抗氧化作用

1.1　实验方法

实验小鼠为昆明小鼠，体重 18～22g，雌雄各半，竹节参总皂苷(total saponins of *Panax japonicus*，TSPJ)从竹节参的干燥根茎中提取，纯度 33.3%，褪黑素(Sigma 公司)作为阳性对照。连续给药 10 天，末次给药后 1h，摘眼球取血，分离血清。用相应试剂盒对超氧化物歧化酶(SOD)、丙二醛(MDA)和谷胱甘肽过氧化物酶(GSH-PX)进行检测。

1.2　实验结果

对于 GSH-PX，阳性对照组与空白组之间差异性极显著(P<0.01)；与空白组比较，竹节参总皂苷小剂量组、中剂量组血清 GSH-PX 差异性显著(P<0.05)，竹节参总皂苷大剂量组差异性极显著(P<0.01)。对于 SOD，阳性对照组与空白组之间差异性极显著(P<0.01)；与空白组比较，竹节参总皂苷小剂量组血清 SOD 差异性显著(P<0.05)，竹节参总皂苷中剂量组、大剂量组差异性极显著(P<0.01)。对于 MDA，阳性对照组与空白组之间差异性极显著(P<0.01)；与空白组比较，竹节参总皂苷小剂量组、中剂量组、大剂量组血清 MDA 差异性显著(P<0.05)。

1.3　结论

自由基是机体代谢过程中产生的一类内源性物质，适量的自由基在杀灭细菌、调节免疫力方面起着重要作用。但在一些病理情况下，机体内自由基的量明显增多，对生物大分子产生超氧化反应从而导致细胞结构和功能的改变，引起许多疾病发生，如机体的免疫功能下降、肿瘤和炎症等发生都与自由基有关。研究表明，过量的自由基能造成机体免疫功能的紊乱。所以，寻找外源物质来抑制体内自由基的氧化作用以保护机体，已成为人们努力的方向。动物体内存在着有效地清除自由基的抗氧化酶系统，其中主要的有 GSH-PX、SOD 等。MDA 是自由基作用于生物膜中的不饱和脂肪酸(PUFA)引发的脂质过氧化作用而产生的脂质过氧化物，MDA 含量的多少可显示脂质过氧化作用程度的大小，间接反映细胞结构的受损害程度。实验表明，竹节参总皂苷能显著升高血清 GSH-PX、SOD 活性，降低血清 MDA 含量；可直接清除自由基并抑制脂质过氧化作用，具有一定的抗氧化能力，这可能与其治疗风湿性疾病机制一致，还有待进一步研究。

总之，通过小鼠血清 GSH-PX、SOD、MDA 检测观察 TSPJ 的抗氧化作用发现，竹节参总皂苷(75mg/kg、150mg/kg、300mg/kg)能显著升高血清 GSH-PX、SOD 活性，降低血清 MDA 含量，因此我们得出结论，TSPJ 具有明显的抗氧化作用，与空白对照组比较差异性显著(闵静等，2007)。

第二节　抗疲劳作用

2.1　实验方法

选用雄性小鼠 80 只，随机分为 8 组，即空白组(给予等量纯化水)，阳性对照组(给予香菇菌多糖片)，竹节参地上部分总皂苷提取物 100mg/kg、200mg/kg、400mg/kg 剂量组，根茎部分总皂苷提取物 100mg/kg、200mg/kg、400mg/kg 剂量组。按 0.2mL/10g，ig(灌药)，连续给药 21 天。按原卫生部发布的《保健食品检验与评价技术规范实施手册》中《功能学评价程序与检验方法》，缓解体力疲劳作用功能检验方法中动物体质量测定、负重游泳实验、血乳酸测定、血清尿素氮测定(二乙酰一肟法)和肝糖元测定(蒽酮法)的规定方法执行。

2.2　实验结果

实验前小鼠体质量无显著性差异；实验后阳性对照组及地上部分高剂量组与空白组比较小鼠体质量有极显著性差异($P<0.01$)。地上部分高剂量组和根茎部分低、中剂量组与空白组比较小鼠负重游泳时间有极显著性差异($P<0.01$)。地上部分中、高剂量组和根茎部分中剂量组与空白组比较小鼠血乳酸含量有极显著性差异($P<0.01$)；地上部分低剂量组和根茎部分高剂量组与空白组比较有显著性差异($P<0.05$)。地上部分和根茎部分中、高剂量组与空白组比较小鼠血清尿素氮含量有极显著性差异($P<0.01$)；根茎部分低剂量组与空白组比较有显著性差异($P<0.05$)。根茎部分低剂量组与空白组比较小鼠肝糖元含量有极显著性差异($P<0.01$)；地上部分高剂量组和根茎部分中剂量组与空白组比较有显著性差异($P<0.05$)。

2.3 结论

实验结果表明，竹节参地上部分所含总皂苷成分与其根茎部分总皂苷成分具有同样的抗疲劳活性。地上部分中、高剂量组及根茎部分低、中剂量组均可不同程度延长小鼠负重游泳时间，降低运动后小鼠血乳酸和血清尿素氮含量，提高小鼠肝糖元含量。前期实验测得竹节参地上部分和根茎部分总皂苷提取物的提取率分别为 6.7%、22.6%。表明总皂苷成分主要存在于根茎中，地上部分也含有一定量的皂苷成分，且两个不同部位中的总皂苷提取物均具有一定的抗疲劳作用。

总之，竹节参地上部分总皂苷提取物中、高剂量组及根茎部分总皂苷提取物低、中剂量组均可不同程度地延长小鼠负重游泳时间，降低运动后小鼠血乳酸和血清尿素氮含量，提高小鼠肝糖元。可见竹节参地上部分总皂苷提取物具有与根茎部分总皂苷提取物相似的抗疲劳活性(钱丽娜等，2008)。

第三节 抗 炎 作 用

3.1 实验方法

体重(20±2)g 的小白鼠雌、雄各半，共 40 只；体重(160±10)g 的雄性 Wistar 大鼠共 40 只。新鲜采集的竹节参 1kg 于室温干燥，粉碎后经甲醇冷浸、回流提取，随后用含水的石油醚萃取多次除去脂质；然后用水饱和正丁醇萃取多次，回流蒸干正丁醇得竹节参总皂苷约 20g。

取小白鼠 40 只，随机分为 4 组，分别为模型组、竹节参总皂苷低剂量组[80mg/(kg·d)]、竹节参总皂苷高剂量[320mg/(kg·d)]、阿司匹林组[250mg/(kg·d)]，每组 10 只。各组灌胃 6 天(模型组给等量生理盐水)，于末次给药 1h 后，将所有小鼠右耳前后两面均匀涂抹二甲苯 0.02mL，60min 后脱颈椎处死，用 8mm 直径打孔器分别在同一部位打下圆耳片，用分析天平称两耳片的重量，以左、右耳重量差异作为肿胀度，并计算肿胀抑制率。

肿胀抑制率=(模型组耳肿胀度–给药组耳肿胀度)/模型组耳肿胀度×100%

取大鼠 40 只，于右后足跖皮内无菌注射弗氏完全佐剂(CFA)0.1mL 诱导大鼠足肿胀模型。造模完成后，随机分为模型组、竹节参总皂苷低剂量组[50mg/(kg·d)]、竹节参总皂苷高剂量组[200mg/(kg·d)]、白芍总苷组[50mg/(kg·d)]，每组 10 只。CFA 致炎后第 14 天各给药组开始灌胃给药(模型组给等量生理盐水)，共 7 天。从致炎后第 12 天开始，每隔 3 天测量大鼠左、右足容积，计算足肿胀率。

足肿胀率=(致炎后足容积值－致炎前足容积值)/致炎前足容积值×100%

3.2 实验结果

致炎后 18h，造模各鼠右后足肿胀达峰值，且色红，皮温高。持续 3 天后肿胀逐渐减轻，8 天后再度肿胀。继发病变于 12 天左右出现，表现为注射对侧左后足肿胀、前肢脚肿胀、尾部结节、眼部红斑等。动物一般情况：精神低迷，食欲差，部分大鼠出现体重减轻、行动较困难，提示造模成功。

灌胃给药后 4 天左右(致炎后第 18 天)，竹节参总皂苷高剂量组对右后原发性关节炎足肿胀表现出明显的抑制作用($P<0.01$)；给药后 7 天(致炎后第 21 天)，对左后继发性关节炎足肿胀也有明显抑制作用($P<0.01$)。

3.3 结论

采用从竹节参中提取的总皂苷成分，选用常见的急慢性炎症模型，考察竹节参总皂苷抗炎作用。结果显示，竹节参总皂苷高剂量组与模型组比较，可显著抑制二甲苯所致的小鼠耳肿胀($P<0.01$)，显著抑制 CFA 大鼠原发性、继发性足肿胀($P<0.01$)。本实验采用的 CFA 诱导大鼠足肿胀模型，是研究药物治疗类风湿性关节炎的常用模型，说明竹节参总皂苷同时对类风湿关节炎有一定治疗作用。利用比色法测定竹节参中总皂苷含量在 16%以上，利用反相高效液相色谱(RP-HPLC)法测定竹节参中齐墩果烷型皂苷含量在 6%以上，可见总皂苷中齐墩果烷型皂苷含量丰富。文献报道，齐墩果烷型皂苷具有显著的抗炎活性，因此深入研究竹节参皂苷抗炎活性成分和机制将是以后研究的重点。

总之，为观察竹节参总皂苷对二甲苯致小鼠耳肿胀和弗氏完全佐剂诱导大鼠的治疗效果的实验结果发现，与模型组比较，竹节参总皂苷高剂量组能够显著对抗二甲苯所致的炎症($P<0.01$)，且可明显减轻佐剂关节炎大鼠的足肿胀程度($P<0.01$)，可见竹节参总皂苷具有较显著的抗炎作用(袁丁等，2008)。

第四节 镇 痛 作 用

4.1 实验方法

将适量竹节参粉碎过 40 目筛，加甲醇浸泡过夜，超声提取 2 次，45min/次，合并滤液；将滤液蒸干，再溶于水中，用乙醚提取 3 次，去除脂类物质，醚液弃去；水层再用水饱和的正丁醇提取 4 次，合并正丁醇液，用水洗 3 次，最后将正丁醇液减压浓缩至干，即得竹节参总皂苷。取适量竹节参总皂苷加水溶解，调 pH 至中性，G4 垂熔玻璃漏斗滤过，使成 100mg/mL 水溶液。

镇痛实验热板法：取 18～22g 雌性昆明种小鼠，放在恒温测痛仪上(55±0.5)℃，秒表记录小鼠放入到舔后足为痛阈指标(以秒计)，对每只小鼠进行预选，将痛阈不到5s，超过30s及喜跳者剔除。将预选合格小鼠40只随机分为4组，每组10只，生理盐水组（灌胃等容积生理盐水）、吗啡组（腹腔注射0.2%吗啡10mg/kg作阳性对照）、竹节参总皂苷高剂量组、竹节参总皂苷低剂量组。竹节参总皂苷高、低剂量组按2.1g/kg分别灌胃竹节参总皂苷水溶液，给药前测定各鼠痛阈值2次，取其平均值为小鼠正常痛阈值，给药后于30min、60min、90min、120min各测痛阈值一次，痛阈值超过60s者以60s计算。

小鼠镇痛实验扭体法：取小鼠40只，体重18～22g，雌、雄均可，分组及给药同热板法，给药30min后各鼠腹腔注射0.6%乙酸溶液0.2mL，观察并记录15min的扭体反应次数，按下式计算抑制率：

抑制率(%)=(1–给药组扭体反应次数/空白组扭体反应次数)×100%

4.2　实验结果

竹节参总皂苷对热板法所致小鼠痛阈的影响结果表明：竹节参总皂苷高、低剂量组小鼠在用药后30～120min痛阈值均高于生理盐水组，有统计学意义($P<0.01$、$P<0.05$)。给药后30min起效，60min作用达到高峰，持续至120min，表现出快速而持久的镇痛作用，但其镇痛作用与吗啡相比仍然有统计学意义($P<0.01$)。

竹节参总皂苷对乙酸所致小鼠扭体反应的影响结果表明：竹节参总皂苷高、低剂量组小鼠对乙酸所致小鼠扭体反应次数明显低于生理盐水组($P<0.01$)，抑制率为 74.8%和 47.7%，表明竹节参总皂苷具有较强的镇痛作用，但其镇痛作用与吗啡相比仍然有统计学意义($P<0.01$)。

4.3　结论

小鼠热板法和扭体法镇痛实验结果表明，竹节参总皂苷对物理性、化学性致痛因子所致疼痛都有明显的镇痛作用，起效较快，作用时间较长，镇痛作用随给药剂量的增加而增强，提示竹节参总皂苷是竹节参发挥镇痛作用的主要有效成分。竹节参总皂苷镇痛的作用机制还有待进一步研究。为了观察竹节参总皂苷的镇痛作用，以确定竹节参镇痛作用的活性部位，采用热板法和扭体法，观察灌胃不同剂量的竹节参总皂苷后小鼠的痛阈值和扭体反应的次数，结果发现竹节参总皂苷高、低剂量组对小鼠痛阈值明显增加，扭体次数明显减少($P<0.01$)。可见竹节参总皂苷具有明显的镇痛作用，是竹节参发挥镇痛作用的主要活性物质(文德鉴等，2008)。

第五节　抑制肿瘤作用

5.1　实验方法

总皂苷的提取：称取竹节参药材粉末，置于圆底烧瓶中，加 10 倍量的 60%

乙醇于 80℃加热回流 2h，共提取 3 次。回收乙醇至无醇味，加水稀释至 0.2g/mL 待用。称取 500g D101 大孔树脂用 95%乙醇浸泡 2h 后装柱，用超纯水冲洗大孔树脂 2BV 至无醇味。将生药 0.2g/mL 的竹节参提取液缓慢加入大孔树脂中吸附 2h。用超纯水冲柱 2BV 至无醇味，以 3BV 70%乙醇洗脱，收集液体，回收溶剂，得总皂苷粉末。用生理盐水溶解，配制浓度依次为 2mg/mL、4mg/mL、8mg/mL，一次性滤膜过滤后分装于洁净试管，4℃保存。

建立移植性 H22 荷瘤小鼠模型：取生长旺盛无溃破的 H22 腹水瘤小鼠，颈椎脱臼处死，在超净工作台上从腹腔抽取乳白色瘤液，经台盼蓝染色确认细胞状态良好后，用无菌氯化钠注射液稀释为 1×10^6/mL 的细胞悬液，于小鼠右前肢腋窝皮下接种 0.2mL。

动物分组与给药：接种后将小鼠随机分为 5 组，每组 10 只，分别为模型对照组(NS, ip)、阳性组[5-氟尿嘧啶(5-FU)、20mg/kg, ip]、竹节参剂量组(40mg/kg、80mg/kg、160mg/kg，ip)。接种瘤液 24h 后按 0.02mL/g 给药，每天 1 次，连续 12 天，观察记录各组小鼠生存状况并称重。

指标检测和数据处理：小鼠于末次给药后禁食不禁水 12h 以上，次日处死，剥离瘤块、胸腺和脾脏，分别称重，根据下式计算抑瘤率和胸腺指数、脾脏指数。数据以 $(\bar{\chi}\pm s)$ 表示，所有数据经 Excel 处理，采用 t 检验进行组建分析。

抑制率(%)=(平均瘤重模型对照组−平均瘤重实验组)/平均瘤重模型对照组×100%

胸腺指数=10×胸腺重量(mg)/实验后体重(g)

脾脏指数=10×脾脏重量(mg)/实验后体重(g)

5.2 实验结果

竹节参总皂苷对荷瘤小鼠表现出明显的抑瘤作用，可使其瘤重明显减轻；与模型对照组相比，竹节参总皂苷在 40～160mg/kg 时对 H22 荷瘤小鼠肿瘤生长抑制有显著性差异($P<0.01$)，在 160mg/kg 时的抑瘤效果最好达 48%。

空白组及竹节参总皂苷各剂量组荷瘤小鼠体重增加较为明显，而 5-FU 组小鼠体重增加较少，说明竹节参总皂苷在 40～160mg/kg 时对小鼠的毒性作用较小。就竹节参总皂苷对荷瘤小鼠的免疫器官影响而言，与模型空白组相比，5-FU 组小鼠的胸腺重量、脾脏重量及其指数显著低于生理盐水组小鼠($P<0.01$)，显示 5-FU 和其他化疗药物一样，对动物的免疫系统具有抑制作用，而竹节参总皂苷三个剂量组小鼠的胸腺重量、脾脏重量及其指数均有明显增加，说明竹节参对小鼠的毒性作用较小。

5.3　结论

为评价竹节参总皂苷对移植性H22荷瘤小鼠的肿瘤抑制作用和对其免疫系统的毒性，用无特定病原体（SPF）级雄性小鼠接种肝癌H22瘤株建立移植性肝癌H22小鼠模型，观察不同剂量的竹节参总皂苷对移植性H22荷瘤小鼠给药12天后的抑瘤率、小鼠体重和免疫器官指数，结果表明：40mg/kg、80mg/kg、160mg/kg竹节参总皂苷对移植性H22荷瘤小鼠的抑制率分别为30.7%、38.6%、48%，竹节参总皂苷能增加H22荷瘤小鼠体重，但对其免疫系统无明显毒性，说明竹节参总皂苷具有较显著的抗肿瘤作用，可成为抗癌新药（邓旭坤等，2013）。

第六节　免疫调节作用

6.1　实验方法

取昆明种小鼠（18～22g）48只，随机分为对照组、模型组、阳性对照组（香菇多糖100mg/kg）、竹节参总皂苷（100mg/kg、200mg/kg、400mg/kg）组，分别灌胃给药，连续7天，对照组及模型组给予相应体积的蒸馏水。第3天除对照组外腹腔注射环磷酰胺（Cy）50mg/kg，对照组给予等容量生理盐水腹腔注射，每天1次，连续注射3天，制备免疫功能低下的动物模型。

给药完成后，记录小鼠体质量，颈椎脱臼处死，取脾并称其质量，以小鼠脾质量/体质量mg/g）作为脾脏指数。

无菌取脾，常规制备脾细胞悬液（1×10^{10}/L），在96孔培养板上，每孔加入100μL脾细胞悬液（终浓度5×10^{9}/L）、100μL亚适浓度刀豆蛋白A（ConA）（5mg/L），终容积为200μL，各设3个复孔，置37℃、5%CO_2培养箱培养48h。培养终止前4h，再加入5g/L 的MTT溶液20μL，继续培养4h。取出96孔培养板，2000r/min离心10min，吸弃上清，每孔加入二甲基亚砜（DMSO）100μL，充分振荡溶解甲臜颗粒，于30min内用酶标仪在570nm处测量吸光度值。计算刺激指数（SI），SI=ConA刺激孔A均值/对照孔A均值。

取昆明种小鼠（18～22g）48只，分组同上。灌胃给药，连续7天。第3天每鼠腹腔注射20%的鸡红细胞0.2mL致敏。同时除对照组外每只小鼠腹腔注射Cy 50mg/kg（对照组给予等容量生理盐水）。致敏后5天，摘除眼球取血，按常规方法取得血清，血清稀释100倍，鸡红细胞稀释20倍，按微量分光光度法操作，用酶标仪在450nm测定吸光度值。按下式计算每只小鼠样品的半数溶血值（HC_{50}）：

$$HC_{50}=\frac{\text{样品光密度测定值}}{\text{全溶血光密度值}/2}\times\text{样品血清稀释倍数}$$

于小鼠末次灌胃给药24h后，眼球取血，每个样品加入50U/mL的肝素抗凝，分别加入异硫氰酸荧光素(FITC)标记的CD3和PE标记的CD4抗体各1μg(检测CD4亚群T细胞)，或者加入FITC标记的CD3和PE标记的CD8抗体各1μg(检测CD8亚群T细胞)，或者加入PE标记的CD49b抗体0.5μg[检测自然杀伤(NK)细胞]，或者加入PE标记的CD19抗体0.5μg(检测B细胞)，混匀，4℃孵育30min，然后把试管放入Q-PreP标本制备仪上进行自动溶血，加入固定液；1500r/min离心5min，弃上清，清洗2次，加入600μL PBS振荡混匀，避光保存于4℃冰箱待上机检测。流式细胞仪检测$CD4^+$、$CD8^+$T细胞、B细胞以及NK细胞比例。

小鼠末次给药后，摘小鼠眼球取血，分离血清，采用酶联免疫吸附实验(ELIAS)法检测，按试剂盒操作说明进行。

6.2 实验结果

模型组小鼠脾脏指数比对照组降低，竹节参总皂苷(200mg/kg、400mg/kg)剂量组可以显著提高模型小鼠脾脏指数。与对照组比较，模型组小鼠T淋巴细胞增殖反应受到明显抑制；竹节参总皂苷各剂量组对Cy致免疫低下小鼠T淋巴细胞增殖均有显著性提高。与对照组比较，模型组小鼠HC_{50}明显降低；竹节参总皂苷中、高剂量组对Cy致免疫低下小鼠HC_{50}有显著性提高，提示竹节参总皂苷对小鼠特异性体液免疫反应有促进作用。模型组小鼠T淋巴细胞亚群比例失调，$CD4^+/CD8^+$值下降，显著低于正常对照组；竹节参总皂苷各剂量组均可明显提高$CD4^+/CD8^+$值。与对照组比较，模型组小鼠外周血B淋巴细胞比例明显降低；竹节参总皂苷各剂量组对Cy致免疫低下小鼠NK细胞、B细胞比例均有显著性提高。与对照组比较，模型组小鼠血清γ-干扰素(IFN-γ)量明显降低，竹节参总皂苷各剂量组均具有显著性提高。

6.3 结论

腹腔注射Cy复制免疫功能低下的动物模型；摘取脾脏称质量并计算脾脏指数，MTT法检测T淋巴细胞增殖活性，微量分光光度法检测血清溶血素抗体HC_{50}形成水平，流式细胞术检测外周血T淋巴细胞亚群($CD4^+$T细胞、$CD8^+$T细胞)比例、B细胞及NK细胞比例，ELISA法检测血清IFN-γ量。结果指出，竹节参总皂苷可增加免疫低下小鼠脾脏质量与脾脏指数，促进脾脏T淋巴细胞增殖，提高免疫低下小鼠血清溶血素水平，上调外周血$CD4^+$与$CD8^+$比例、B淋巴细胞及NK细胞比例，提高血清中IFN-γ的水平。总之，竹节参总皂苷通过刺激小鼠的特异性及非特异性免疫应答，对Cy致免疫低下小鼠的免疫功能有良好的增强作用(闵静等，2007)。

第七节　竹节参叶的生药学鉴定

7.1　生药性状

竹节参叶为掌状复叶，叶端长而尖，基部圆形或楔形，边缘有细锯齿，叶的上表面或沿脉上有疏生刚毛，其外部形态因生长年限的不同而有所不同。一年生只有 3 片或 5 片小叶轮生于茎顶。2 年生植株有两种形态：一种是 5 片小叶轮生于茎顶；一种是 2 片复叶轮生于茎顶，每片复叶上有 5 片小叶。3 年生植株一般有 3～4 片复叶(少为 2 片)，轮生于茎顶，每片复叶有 5 片小叶，最大叶片长 7～14cm、宽 3～5cm。4 年生植株一般有 4～5 片复叶(少为 3 片或 4 片)轮生于茎顶，每片复叶有 5 片小叶，最大叶片叶长 8～19cm、宽 3～9.15cm。

7.2　药材性状

药材多捆成小把，呈束状，长 15～30cm。叶黄绿色或暗绿色，先端尖边缘有锯齿及刚毛，上表面叶脉上生有灰白色刚毛。下表面灰绿色，叶脉隆起，无毛。叶片纸质，易碎。气清香，味苦、甘。

7.3　显微特征

从竹节参叶的横切面看出，竹节参叶上表皮和下表皮的表面都有角质层保护，且下表皮有气孔器分布；薄壁组织排列疏松，细胞间隙大，无海绵组织和栅栏组织之分，为等面叶；在薄壁组织中还有少量的草酸钙结晶体存在(图 4-1)。

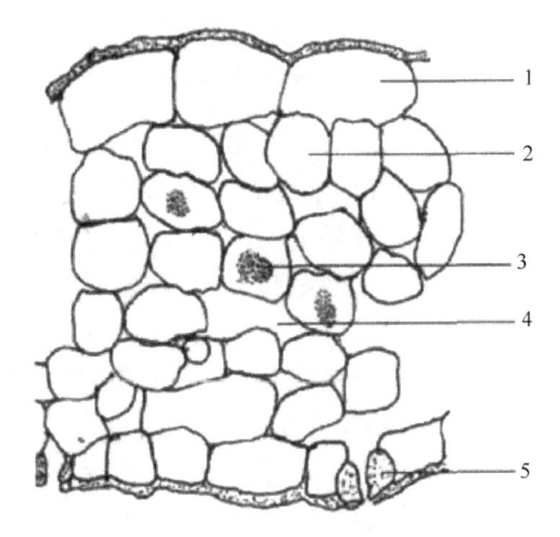

图 4-1　竹节参叶片横切面详图

1.表皮；2.薄壁组织；3.草酸钙结晶体；4.细胞间隙；5.气孔

主脉解剖显示，木栓层分化明显；皮层在横切面上所占比例较大，且内部有大量的草酸钙结晶体；维管束呈“U”形，韧皮部和木质部为内外排列，其间形成层较为清晰(图 4-2)。

竹节参叶表皮细胞极不规则，垂周壁波状弯曲，平周壁上有角质层，或略呈念珠状增厚；下表皮气孔数目较多，上表皮在所观察的视野内没有看见气孔。薄壁细胞中含有众多草酸钙簇晶，棱角尖锐，偶见草酸钙方晶。锥形非腺毛较多并且破碎为多列长形薄壁细胞，呈长形组织碎片状。导管有螺纹导管、梯纹导管及网纹导管(图 4-3)。

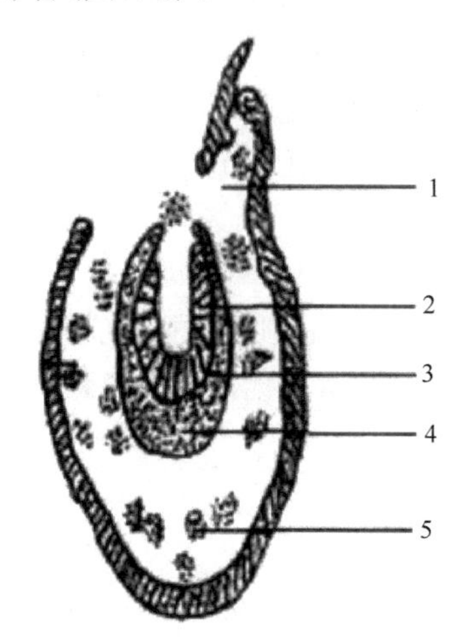

图 4-2　竹节参叶主脉横切面简图

1.皮层；2.木质部；3.形成层；4.韧皮部；5.草酸钙晶体

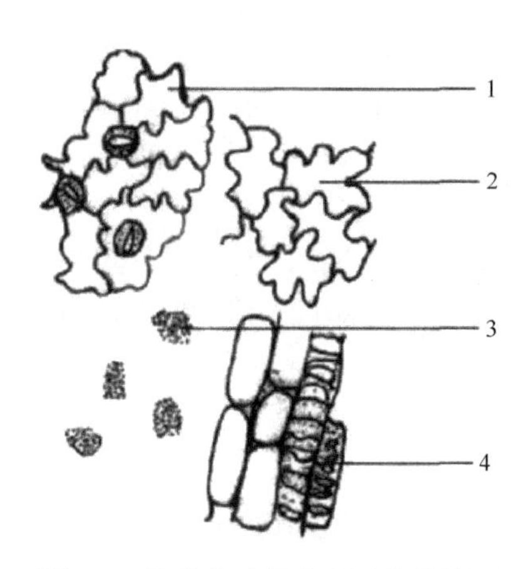

图 4-3　竹节参叶的表皮显微结构图

1.下表皮；2.上表皮；3.草酸钙晶体；4.导管

7.4　薄层层析鉴别

取竹节参叶供试样品粉末 14g 于 20mL 试管中，加水 2mL，使粉末湿润，再加饱和正丁醇 10mL，充分摇匀，于室温下放置 48h。取上清液加 3 倍的正丁醇饱和溶液，混合均匀，静置使其分层，取上层液体作供试品。取人参皂苷 Rg1 为对照品，用乙醇配制成 215mg/mL 的对照品溶液。吸取供试品溶液和对照品溶液各 10μL，分别点样于硅胶 G 薄层板上，以正丁醇∶乙酸乙酯∶水(4∶1∶5)溶液为扩展剂。结果显示，竹节参叶片和主脉两种药材与对照品人参皂苷 Rg1 在 Rf 相同的位置上均出现相同斑点。同时在薄层板上可以看出，竹节参叶片和主脉两种药材的皂苷成分共有 5 个(图 4-4)。

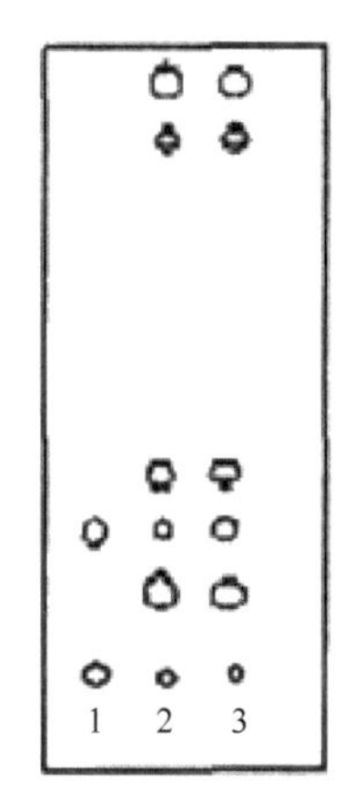

图 4-4　竹节参叶薄层层析图谱

1.人参皂苷 Rg1；2.竹节参叶片；3.竹节参叶片主脉

结果表明，竹节参叶药材性状、叶片横切面、主脉横切面及表皮显微特征具有形态学规律，对其生药鉴定有实际意义。尤其是叶片横切面，其薄壁组织排列疏松，细胞间隙大，无海绵组织和栅栏组织之分，故该叶片为等面叶；而主脉横切面，其皮层内有大量的草酸钙结晶体，维管束呈“U”形，韧皮部和木质部为内外排列，其间形成层较为清晰。这些形态组织特征为竹节参叶的质量控制和规范利用提供了重要鉴别依据。薄层色谱实验结果指出，竹节参叶片及主脉在相对应的位置上出现相同颜色的斑点(共有5个斑点)；与对照品人参皂苷Rg1相比，二者移动的位置也相同，可见二者在成分上完全相同。这一结果为竹节参叶的开发利用提供了实验依据，而其活性有效成分、含量及药理作用有待进一步研究(张来和孙敏，2009)。

第三篇　竹节参毛状根培养的理论及实践

本篇内容涉及毛状根培养的理论基础和实验技术。从毛状根转化体系的建立、毛状根的诱导、毛状根的形态发生与结构特点、毛状根离体培养与遗传稳定性、毛状根的分子检测、毛状根次生代谢产物的提取与检测、毛状根植株再生等方面进行系统介绍，并将它们应用于竹节参的生产实践，开辟了一条不依赖原植物体而生产竹节参皂苷的有效而全新的合成途径。

第五章　竹节参毛状根培养的理论基础

发根农杆菌诱导植物产生毛状根的现象最早可追溯到 1907 年 Smith 和 Townsend 发现发根农杆菌能够诱导植物产生毛状根；1934 年 Hildebrand 在对苹果树的研究中再次阐述了发根现象。Chilton 等(1982)报道发根农杆菌在侵染植物的过程中，在感染部位或附近产生大量的发状根，它是由致根质粒(root inducing plasmid，Ri)引发产生的。直到 20 世纪 80 年代以后，Ri 质粒及其发根机制的研究才得到高度重视，尤其是在日本、美国和欧洲等发达国家和地区在 Ri 质粒及转化特点上取得了重大突破。在国内外近 20 年的研究中，先后从人参、短叶红豆杉、杜仲等 240 多种植物中成功诱导出毛状根，多数集中在菊科、十字花科、茄科、豆科、旋花科、伞形科、石竹科、蓼科等草本植物，目前发根农杆菌在植物品种改良、栽培，以及基因工程生产植物次生代谢产物等领域得到广泛的运用(李用芳和周延清，2000)。本章对发根农杆菌的结构特点、转化机制及实际应用作全面介绍。

第一节　发根农杆菌的分类和结构特征

发根农杆菌(*Agrobacterium rhizogenes*)属于根瘤菌科农杆菌属的一种革兰氏阴性好氧型细菌，外形呈杆状，具鞭毛，最适生长温度为 28℃，能够感染大多数双子叶植物、少数单子叶植物以及个别裸子植物(吴飞，2007)。常用于实验的发根农杆菌有 ATCC15834、ATCC39207、G58PGV3296、A4、NCPPB2659、Rl500、Rl601、LBA9402、TRl05 等菌株，这些菌株中均含有 Ri 质粒。

1.1　发根农杆菌的分类

在具有完整 T-DNA 的 Ri 质粒诱导植物转化的细胞中，能检测到一类特殊的非蛋白态的氨基酸——冠瘿碱(opine)。根据被转化植物体所产生冠瘿碱的不同类型，通常将发根农杆菌及 Ri 质粒分为 4 类：农杆碱型(agropine type)、甘露碱型(mannopine type)、黄瓜碱型(cucumopine type)和异黄瓜碱型(mikimopine type)(Christey，2001)。它们的 Ri 质粒类型及代表菌株见表 5-1。一般来说，发根农杆菌 Ri 质粒的类型决定了其宿主的范围，Petit 等(1983)研究发现，含农杆碱型 Ri 质粒的发根农杆菌较甘露碱型、黄瓜碱型和异黄瓜碱型有更为广泛的宿主范围。

表 5-1　Ri 质粒类型及代表菌株

发根农杆菌类型	合成的冠瘿碱种类	代表菌株	质粒
农杆碱型	农杆碱	1855	pAr15834a
	农杆碱酸	15834	pAr15834a
	甘露碱		pRi15834
	甘露碱酸		pAr15834c
	农杆碱素 A	A4	pArA4a
			pRiA4
			pAra4c
		HRI	pRiHRI
		TR105	Ri105
甘露碱型	甘露碱	8916	pAr8196a
	甘露碱酸		pRi8196
	农杆碱酸		pAr8196c
	农杆碱素 C	TR107 NCPPB	Ri107
黄瓜碱型	黄瓜碱	2659	pRi2659
		NCPPB 2657	pRi2657
异黄瓜碱型	异黄瓜碱	MAFF0-301724 MAFF0-301725 MAFF0-301726 A13	pRi1724

1.2　发根农杆菌的结构特征及功能

Ri 质粒是独立存在于发根农杆菌细胞染色体外的双链共价闭合环状基因组DNA(cccDNA)，与 Ti 质粒一样均属于巨大质粒，大小为 200～800kb，并且具有独立的遗传复制能力，一个菌体中可能同时存在几种质粒。Ri 质粒的结构按其不同功能主要分为以下几个部分(图 5-1)：T-DNA 区(transfer-DNA region)、Vir 区(virulence region)、Ori 区(origin of replication)及冠瘿碱代谢区(opine catabolism region)(陶锐等，2007)。从近年来的研究结果来看，Ri 质粒各部分具有如下主要功能。

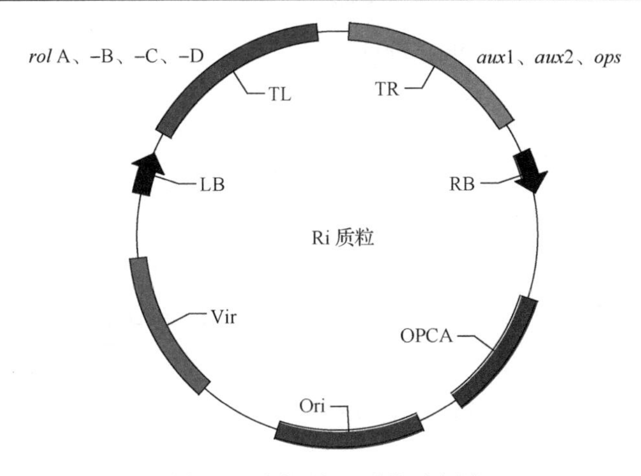

图 5-1 农杆型 Ri 质粒示意图

TL, 左 T-DNA 边界; TR, 右 T-DNA 边界; Ori, Ori 区;
Vir, Vir 区; OPCA, 冠瘿碱代谢区

1.2.1 T-DNA 区

T-DNA 区即 DNA 转移区，它是发根农杆菌浸染植物后从 Ri 质粒上转移到植物基因组中的 DNA 区域，能够被植物的 RNA 聚合酶Ⅱ催化转录。其上的一部分基因决定肿瘤的表现型；T-DNA 上还存在冠瘿碱合成基因，这些基因只能在真核细胞中转录而不能在农杆菌中转录，因为植物基因组上存在启动冠瘿碱合成基因的启动子而农杆菌中不存在这类启动子，冠瘿碱合成基因能够利用植物的营养成分诱导合成相关类型的冠瘿碱，冠瘿碱可作为农杆菌唯一分解利用的碳源和氮源。农杆碱型菌株的 T-DNA 两端各有 25bp 的重复序列，它是限制性酶从 Ri 质粒上切下 T-DNA 的识别位点，缺此序列则不能形成毛状根。农杆碱型菌株的 T-DNA 由两段不连续的序列组成，即 TL-DNA 区和 TR-DNA 区（图 5-2），它们都可以分别插入寄主植物基因组 DNA 中，TR-DNA 区域存在与农杆碱(ags)合成相关的基因群和生长素(IAA)合成相关的基因群(相当于 Ti 质粒上的 *tms-1* 基因和 *tms-2* 基因)有关，因此转化生成的毛状根是激素自养型的。研究表明，TR-DNA 区域存在三叶草式的碱基结构时，则侵染效率极高。而 TL-DNA 区域存在与农杆碱素(agc)合成有关的基因，并与形成决定毛状根及其形态特征的 *rolA*～*D* 基因群(称 core T-DNA)有关。据已有的资料，各种 Ri 质粒均有 core T-DNA，它决定了毛状根生成和再生植株部分形态特征的基因群。而甘露碱型、黄瓜碱型和异黄瓜碱型菌株 T-DNA 只有一个单一的边界区，即是连续的，其不含生长素合成基因，故由它们诱导毛状根的生长培养对生长素有依赖性。甘露碱型、黄瓜碱型和异黄瓜碱型 Ri 质粒与农杆碱型 Ri 质粒的 T-DNA 没有明显的同源性，但在 TL-DNA 区域具有高度同源的片段，它们的转化机制可能也与农杆碱型 Ri 质粒的 TL-DNA 相似，有

待进一步论证(Komaraiah et al.，2003)。

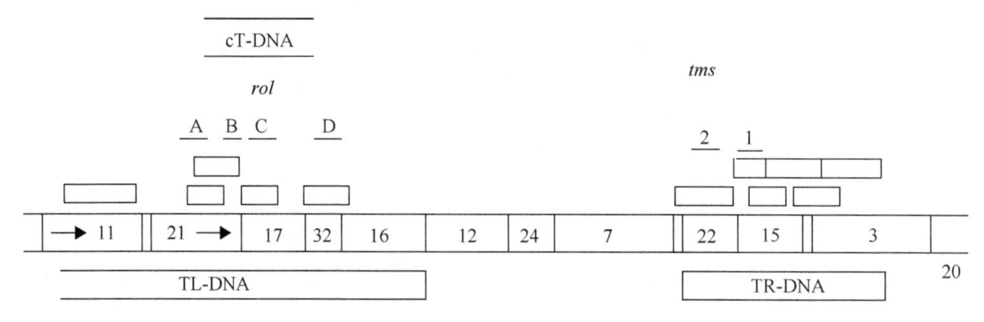

图 5-2 农杆碱型 Ri 质粒(pRiA4b) T-DNA 上的基因座位酶切图谱

1.2.2 Vir 区

Vir 区即毒区，该区域的基因能激活 T-DNA 转移，使农杆菌表现出毒性。Vir 区位于复制起点区和 T-DNA 区之间，由 *vir A*、*virB*、*virC*、*virD*、*virE*、*virF*、*virG* 共 7 个基因组成，上述 4 种类型的质粒的 Vir 区具有很高的保守性，它们在转化过程中虽然不发生转移，但对 T-DNA 的转移起着重要作用。一般情况下，除 *vir A* 外的 6 个基因都处于抑制状态。当寄主植物被农杆菌侵染时，植物损伤部位细胞会合成小分子酚类化合物，如乙酰丁香酮、羟基乙酰丁香酮等并与 *vir A* 基因产物结合，诱导其他基因活化，进而引发感染过程。研究发现，*vir A* 和 *vir G* 基因对其他联合基因有启动与调节作用(Sudha et al.，2003；周跃刚和王三根，1997)。*vir D* 基因能将 T-DNA 25bp 的重复序列切断后使其发生转移。尚不明确其他基因的功能。另外，Ri 质粒与 Ti 质粒在 Vir 区基因群具有高度同源性，其功能也相似，说明两者的进化关系特别密切。

1.2.3 Ori 区

Ori 区即复制起始区，此区域基因调控 Ri 质粒的自我复制。

综上所述，Ri 质粒最重要的两个功能区域是 T-DNA 转移区和 Vir 区，在 Vir 区的调控作用下，最终使含有目的基因的 T-DNA 片段整合到植物基因组，使植物表现出发根症状。

第二节 发根农杆菌 Ri 质粒介导的植物遗传转化原理及过程

近 30 年来，国内外众多植物研究者们对基于发根农杆菌 Ri 质粒诱导植物产生毛状根的机制以及毛状根的生产应用进行了大量的研究，利用毛状根成功进行植株再生，促进植物生根、增强植物抗逆性及次生代谢产物的生产，带来了一定的经济效益。然而，对于发根农杆菌诱发植物产生毛状根的详细机制目前尚不明确，但是其原理都集中体现在 Ri 质粒的功能特点上，一些关键环节已研究得十分透彻，本节将重点介绍发根农杆菌介导的植物遗传转化机制及转化策略(孙敏和张来，2011)。

2.1　发根农杆菌 Ri 质粒介导的遗传转化机制

发根农杆菌介导的植物细胞遗传转化是农杆菌和植物细胞相互作用的结果。农杆菌侵染植物时，首先是在发根农杆菌染色体上的毒基因 *Chv* 的参与下吸附到植物细胞的细胞壁上，然后，*virA* 的产物(是一个具有感受蛋白质功能的跨膜蛋白)能感受植物损伤细胞所传达的信号(如酚类化合物等)，自身发生磷酸化，进而将磷酸基转移到 virG 蛋白保守的天冬氨酸残基上，使 virG 蛋白活化，活化的 virG 蛋白以二体或多体的形式结合到其他的 *vir* 基因启动子的特定区域，从而激活其他基因转录和表达。virD2 蛋白可专一性地切割松弛状态的 T-DNA 两端 25bp 的重复序列，使 T-DNA 呈激活状态。之后，virD2 蛋白结合在 T-DNA 的 5′端，该端不被外切核酸酶降解，并通过 C 端含有的细胞核定位信号引导 T-DNA 穿过农杆菌细胞膜上的特定“孔道”进入宿主植物细胞核，进而使 T-DNA 整合到植物基因组中，经转录与翻译，发挥其功能表现出病症。

目前，对根癌农杆菌 Ti 质粒转化机制的认识已比较深入。首先在农杆菌染色体基因的作用下，农杆菌附着在植物的细胞壁上，损伤的植物细胞会释放出酚类化合物激活 *vir* 基因的表达。*virA* 基因的产物可能是植物信号分子的环境敏感因子，它直接或间接感受植物细胞释放的酚类物质信号，并激活细胞内 *virG* 表达，*virG* 基因的表达产物进一步诱导 Vir 区其他基因的表达，其中 *virD* 可编码两个分子质量为 16.2kDa 和 4.7kDa 的多肽，这两个多肽共同作用表现活性，专一性识别 T-DNA 边界两个 25bp 的序列，并在这两个部位剪切形成游离的 T-DNA。游离的 T-DNA 在其他 *vir* 基因产物的协同下以某种方式转移并整合到植物核基因组中。由此可见，Ri 质粒的转化过程与 Ti 质粒的转化过程存在很大的相似性，可参考根癌农杆菌 Ti 质粒介导的转化信号传导机制(图 5-3)来更好地理解农杆菌在植物遗传转化中的具体过程。

在 Ri 质粒的几个分区中，只有 T-DNA 区最终转移到植物体内并整合到寄主的基因组中，可见 T-DNA 是引发植物产生毛状根的核心，其中 TL-DNA 中 *rol* 基因的作用最重要。目前对农杆碱型 Ri 质粒的 T-DNA 的研究相对较多。White 等通过插入与缺失诱变处理对农杆碱型发根农杆菌 A4 的 T-DNA 进行功能分析表明，在 TL-DNA 上至少存在 4 个与毛状根诱导形成的基因位点，它们分别被命名为 *rol*(root loci)*A*、*rol B*、*rol C* 和 *rol D*。后来，Slightom 等对 TL-DNA 进行核酸序列分析发现，TL-DNA 区上存在 18 个基因的开放阅读框(ORF)，其中，ORF10、

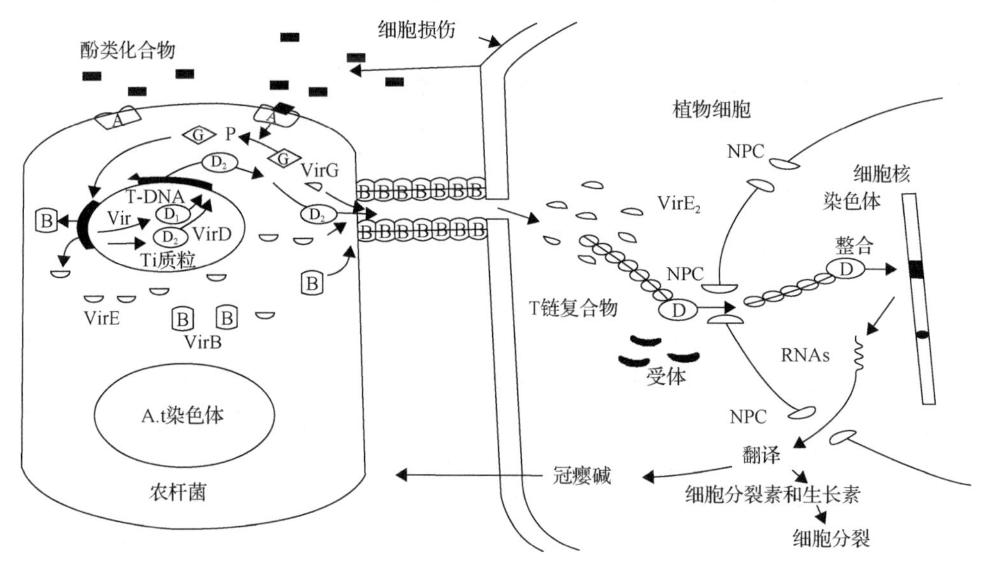

图 5-3　根癌农杆菌介导的基因转化示意图

ORF11、ORF12 和 ORF15 分别对应 *rol A*、*rol B*、*rol C* 和 *rol D* 这 4 个基因。同时 Hansen 等还通过实验证实在 TL-DNA 上还存在新的基因位点 ORF13a。在已证实与毛状根诱导有关的这些 *rol* 基因中，其大小、编码蛋白质功能及在植物体内表达部位等均有所差异(表 5-2)。

表 5-2　农杆碱型 Ri 质粒的 *rol* 基因的基本特性

rol 基因	大小/bp	氨基酸个数	蛋白质功能	表达特异性
rolA	300	100	增加原生质体对生长素的敏感性；改变多胺代谢	茎、叶、根的韧皮组织
rolB	777	259	导致细胞产生高度的生长素敏感性；体外能水解吲哚糖苷；具有蛋白质酪氨酸磷酸酶活性	所有组织原始细胞，韧皮部与木质部薄壁细胞；胚胎发生期；茎形成层区和韧皮部射线
rolC	540	180	增加原生质体对生长素的敏感性，体外能水解细胞激素糖苷	茎、叶、根的韧皮部细胞，伴胞细胞；胎发育期；根尖的中柱鞘细胞及侧根原基
rolD	1032	344	尚不清楚	根韧皮组织

通过 *rol* 基因转化烟草的研究表明，*rolB* 是诱导毛状根形成并控制其形态的主要影响因素，*rolA* 和 *rolC* 主要是影响毛状根的生长速率与形态。*rolA*、*rolB* 和 *rolC* 各自都能诱导出毛状根，但三者结合能达到最好的诱导效果。当 *rolA* 位点突变时可形成又直又长的根；*rolB* 位点突变则会削减乃至丧失致根能力；*rolC* 位点突变则阻滞根的生长；而 *rolD* 突变则加快愈伤组织生长，形成与 Ti 质粒诱导类似的肿瘤。*rolB* 基因在植物不同器官中的表达程度是不同的，强弱关系为根＞茎＞叶，这已在胡萝卜、烟草等植物中得到验证。与 *rolB* 基因相比，*rolA* 和 *rolC* 单独使用不能使高

凉菜属植物诱导出毛状根。此外，*rolA* 基因在植物不同器官中的表达强弱为茎>叶>根，而 *rolC* 基因在植物不同器官中的表达强弱为根>茎>叶。TR-DNA 只有在真核细胞基因组相应的启动子作用下才能转录表达，其合成的冠瘿碱是 Ri 质粒转化成功的标志之一，而另外合成的生长素能更好地促进毛状根的生长。通常认为 TR-DNA 只是起到供给转化植物体生长素的功能，而 *rolB* 基因则在植物细胞产生毛状根的过程中起着关键作用，但这种说法也存在争议。用 TL-DNA 和 TR-DNA 分别单独成功地转化植物，TR-DNA 在烟草茎上诱导出的根与 TL-DNA 诱导出的根在表型上是不同的：前者在缺乏生长调节物质的培养基上不能生长，即使有弱的生长也是不会表现高度分支的特点。还有研究发现 pRiA4 质粒的一个可能含有 *aux* 基因的仅 6kb 的 TR-DNA 片段可以诱导出与全长 TR-DNA 诱导发根表型一致的烟草发根。另外，发现 TR-DNA 区可以单独转化黄瓜，诱导出的毛状根具有多根毛、冠瘿碱合成等表型特征。有研究提出可能存在 TR-DNA 和 TL-DNA 两种不同的转化分子机制，但是由于 TL-DNA 区的诱导效率较高，转化产物在生长和表型方面更具优势，因而通常认为多数转化的毛状根是 TL-DNA 转化结果，而没有 TR-DNA 单独转化的毛状根。TR-DNA 和 TL-DNA 共同作用的转化能力远远大于各自单独作用的转化，可以推断它们应该存在一定的协同作用。在 T-DNA 随机整合到植物基因组的过程中，一个农杆菌可同时具有两种 T-DNA 进行转化得到的多转化体，另外还存在多个菌体共同转化得到的多转化体，通常前者更有效，因此认为前者是多 T-DNA 整合的主要途径。

2.2　发根农杆菌 Ri 质粒介导的基因转化策略

作为植物遗传转化的载体必须是能进入宿主细胞，并进行复制和表达的核酸分子。目前的载体系统有病毒的载体系统和质粒的载体系统两大类。Ti 质粒的 T-DNA 具有致病性，其表达与植物再生是不相容的，所以必须“解除武装”(disarmed)后才能用于植物转化。而 Ri 质粒上的 T-DNA 基因表达不影响植物再生，所以野生型的 Ri 质粒可以直接用于转化。Ri 质粒与 Ti 质粒在转化程序上基本是相同的。一般包括以下几个步骤：①构建中间表达载体，将目的基因导入 T-DNA 区；②构建 Ri 质粒转化载体，将中间载体导入发根农杆菌；③用发根农杆菌工程菌液转化植物受体细胞，诱导毛状根；④对毛状根进行除菌、筛选和检测；⑤从毛状根诱导转基因植株。构建转化载体通常有以下两种转化策略。

2.2.1　共整合载体系统转化

共整合载体(integrated vector)系统也叫一元载体系统，该方法常采用三亲杂交进行重组，见图 5-4。将含有导入目的基因的中间载体(如 pBR322、pBI121 和 pBI101 等)的大肠杆菌作为供体菌，含有天然 Ri 质粒的野生型发根农杆菌作为受体菌，同时还需要含有一种协助供体菌质粒进行接合转移的质粒的大肠杆菌，称之为 helper

菌，常用含 pRK2013 质粒的 *E.coli* HB 101。三种菌混合共培养，helper 菌中的 pRK2013 质粒游动进入大肠杆菌内，提供游动(mob)和转移(tra)功能，把供体的重组质粒转移进农杆菌中。该系统中重组的载体质粒需要带有一个特定的转移起始点(oriT)和活化位点(bom)，以协助质粒的 *mob* 和 *tra* 基因对它起作用，被驱动转移。中间载体中插入目的基因的 T-DNA 通过与发根农杆菌中 Ri 质粒上的 T-DNA 进行同源重组，而使目的基因和选择标记转移到 Ri 质粒的 T-DNA 中。由于中间载体在发根农杆菌中不能复制，故可自动丢失，最后利用选择标记基因筛选出其 Ri 质粒已导入目的基因的发根农杆菌。用这种带有目的基因重组 Ri 质粒的发根农杆菌液去感染宿主植物细胞，通过 Ri 质粒上 T-DNA 的转移功能，可将目的基因整合到宿主植物基因组中。但这种方法构建困难，整合体形成率低，一般不常用。

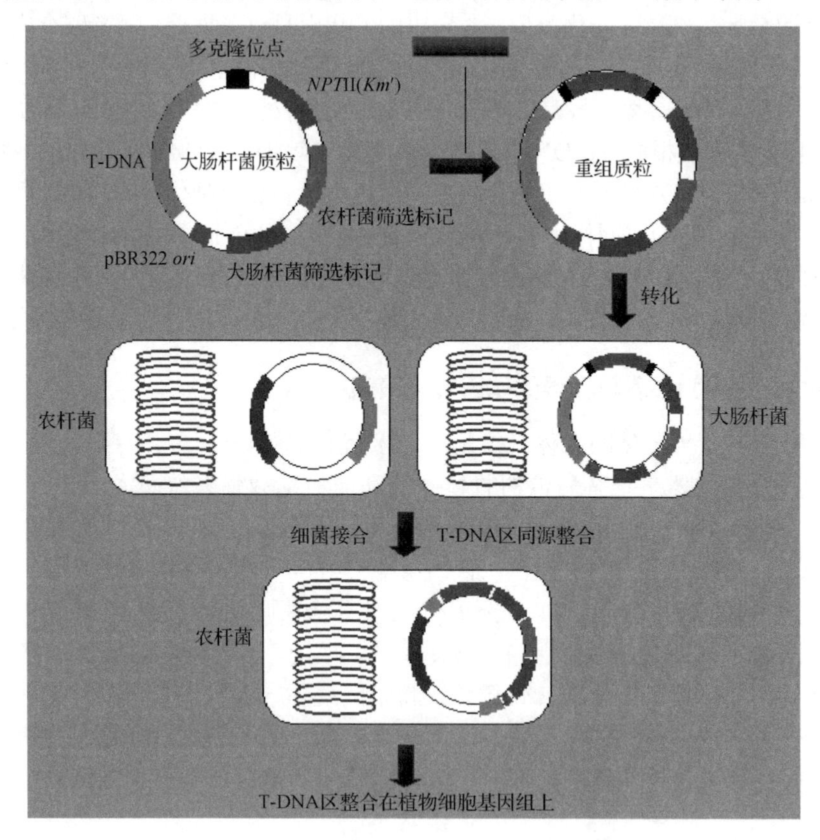

图 5-4　Ri 质粒共整合载体转化示意图

2.2.2　双元载体系统转化

双元载体(binary vector)系统是目前 T-DNA 转化植物细胞的标准方法，构建程序也基本上与 Ti 质粒相同，它的原理主要是 Ri 质粒的 *vir* 基因在反式条件下同样能驱动 T-DNA 转移，即 Vir 区基因和 T-DNA 分别在两个 Ri 质粒上同样能执行上述功能。双元载体系统包含两个质粒，一个是用于克隆外源基因片段的中间表达载体质粒，可在大肠杆菌及根瘤土壤杆菌中复制，容易操作，并可在二者间转移，也是一种穿梭质粒。在 T-DNA 序列外，还有细菌选择标记基因，在 T-DNA 的 LB 至 RB 内有一个多克隆位点及植物选择标记基因。例如，由廖志华等改建的 pCAMBIA1304 中间表达载体，它具有原核生物的卡那霉素抗性基因(*kan*)作为细菌选择标记，真核生物的潮霉素抗性基因(*hpt*)作为植物的选择标记。双元载体系统的另一个质粒是非致病 Ri 质粒，该质粒没有 T-DNA 序列，具有 Ri 质粒的毒性基因，毒性基因表达的产物以反式调控方式控制穿梭质粒上 T-DNA 的转移，如由廖志华等改造构建的发根农杆菌 C58C1(disarmed and harboring pRiA4)中的 pRiA4 质粒。由这两个质粒构建双元载体的过程如图 5-5 所示。将上述两个质粒分别导入速冻的发根农杆菌感受态细胞，经发根农杆菌介导，中间表达载体中的 T-DNA 转移到植物基因组中。相比之下，双元载体系统构建的操作过程比较简单，而且对植物外源基因的转化效率高于一元载体。

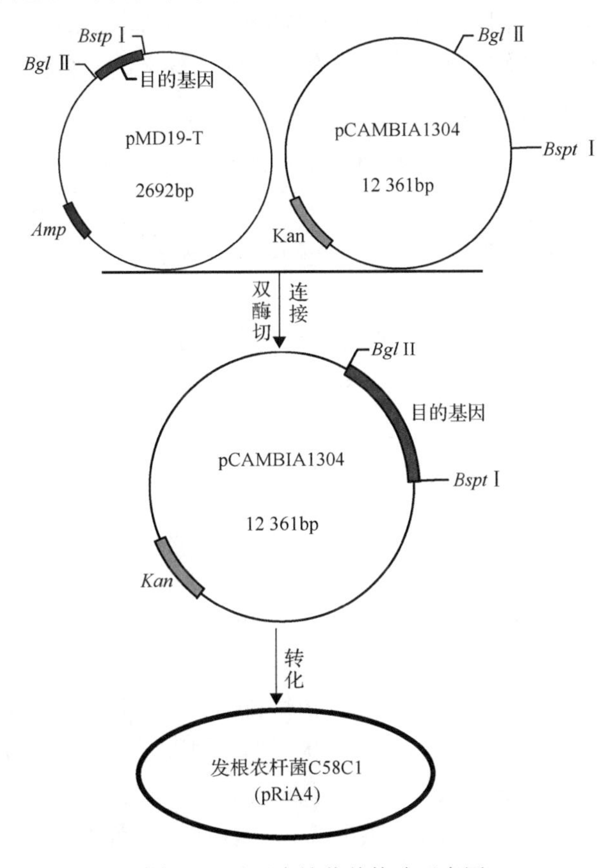

图 5-5　双元表达载体构建示意图

2.3　发根农杆菌 Ri 质粒介导的转化方法

植物遗传转化方法可分为两大类：一类是直接基因转移技术，直接导入外源基因包括化学转化法[聚乙二醇(PEG)法和脂质体介导法]、物理转化法(电激法和基因枪法)、整株导入法(花粉管通道法、微注射法、浸胚法、花粉浸渗法、生物场转化法等)，其中基因枪法是代表性方法。另一类是由生物介导的转化方法，主要有农杆菌介导和病毒介导两种转化方法，其中农杆菌介导的转化方法操作简便、成本低、转化率高，广泛应用于双子叶植物的遗传转化。

PEG 法、电激法、微注射法的优点是适用于各种植物，通过原生质体转化获得的再生植株无嵌合体发生，有利于生产实践的应用，但是原生质体培养比较困难，再生频率低，重复性差。基因枪法除具有上述直接转化系统的特点外，还克服了以原生质体为受体细胞的缺点，可适用于任何植物材料，但该技术目前尚不成熟，外源 DNA 整合的机制尚不清晰。花粉管通道法是基因工程技术与常规杂交育种相结合的方法，其直接以花粉粒为媒体，操作简单、方便，但该技术的转化机制目前尚有异议。用农杆菌介导的“叶盘法”转基因系统，大大简化了以往利用原生质体为受体的转基因系统，具有里程碑的意义，这个系统至今仍被采用。各种基因转化方法的特点见表 5-3。

表 5-3　常用植物基因转化方法特点的比较

项目	农杆菌介导法	PEG 法	电激法	注射法	基因枪法	花粉管通道法
受体材料	完整细胞	原生质体	原生质体	原生质体	完整细胞	卵细胞
寄主范围	有	无	无	无	无	有性繁殖物
组培条件	简单	复杂	复杂	复杂	简单	不需要
转化率	$10^{-2}\sim10^{-1}$	$10^{-5}\sim10^{-4}$	$10^{-5}\sim10^{-4}$	$10^{-3}\sim10^{-2}$	$10^{-3}\sim10^{-2}$	$10^{-1}\sim0^{1}$
嵌合体	有	无	无	无	多	无
操作要求	简单	简单	复杂	复杂	复杂	简单
设备要求	便宜	便宜	昂贵	昂贵	昂贵	便宜
转化工作率	高	低	低	低	高	低
单子叶转化	少	可行	可行	可行	广泛	广泛

虽然发根农杆菌转化的方法很多，但是它们的基本过程都包括以下几个方面：①发根农杆菌的纯化、活化培养；②植物材料的处理，包括预培养和切割；③接种农杆菌于植物材料以及共培养；④毛状根的分离及培养；⑤毛状根转化体的鉴定和选择；⑥转化体毛状根的植物再生及培养；⑦转化体毛状根及植株的代谢物质含量测定及分析。下面对常用的几种方法作较详细的概述。

2.3.1　植物体直接接种法

首先对植物种子消毒处理后，接种到合适的培养基让其萌发并长出无菌幼苗。取茎尖继续培养，直到无菌植株生长到一定时期，将其茎尖和叶片切去，剩下茎秆和根部作为侵染材料，在茎秆上用针刺一些伤口，将带 Ri 质粒的农杆菌接种在伤口处，接种后继续培养所侵染的植株。培养一段时间后，在接种部位会产生毛状根。这种方法最为简便，但仅适合于可用茎尖继代培养的植物。

2.3.2　外植体共感染接种法

常用的外植体有胚轴、子叶、子叶节、幼叶、肉质根、块茎，以及未成熟的胚、叶片、茎段和叶柄等，通过消毒处理后，与农杆菌共同培养 2～3 天，再将外植体转移到含有抗生素的选择培养基上进行筛选培养，每隔 5 天左右进行继代培养，农杆菌被杀死，转化细胞产生愈伤组织或产生毛状根。下胚轴切段倒插法是一种较为常见的方法。另外，叶盘法也是常用的方法，需注意的是叶盘侵染后应将叶背面朝上放在培养基上，在叶圆片切口周围可见长出的毛状根。

2.3.3　原生质体共培养法

将植物的愈伤组织按常规方法处理制备成原生质体，原生质体再生壁细胞与农杆菌混合共培养，农杆菌对原生质体进行转化。在含有抗生素的选择培养基上对转化细胞进行筛选得到转化体，最后通过分化培养基得到完整植株。该方法要求原生质体有较高的再生率，此方法难以使用在那些原生质体培养还没有成功或再生率很低的植物。

2.4　发根农杆菌 Ri 质粒介导基因转化的影响因素

2.4.1　农杆菌菌株属性差异对转化的影响

长期以来，科学工作者们对发根农杆菌菌株的选择和处理进行了深入研究以期望更佳的转化效率，这是因为发根农杆菌菌株的属性对转化成功具有决定性的影响。不同菌株对不同植物或同一植物的不同组织所表现的侵染能力是不相同的。相比其他菌株而言，农杆碱型菌株具有更广的寄主范围和更强的侵染力，可能是由于农杆碱型菌株 TR-DNA 上具有 *aux* 基因的缘故。在柑橘的离体转化研究中，发根农杆菌 A4 菌株的致根力较 R1000 大，而 pRi15834 致根力最弱；桔梗叶片更合适用于接受 pRi2659 菌株的感染，而 pRi15834 和 pRiA4 诱导能力较低。对蓝猪耳的转化研究表明：R1000 的转化率最高，A4 次之，R1601 最低。由此可见，发根农杆菌的致根特性与其所带质粒类型有关。另外，菌株的保存与活化方法对菌株活力的保持十分关键，保存不当容易使质粒变异或丢失，进而丧失致病力；菌株活力(浓度)影响农杆菌向植物细胞的聚集与附着以及 Vir 区基因的表达，处于对数生长期的菌株活力最强。

2.4.2 植物基因型及外植体对转化的影响

在 Ri 质粒转化过程中寄主植物本身的参与极为重要，几乎所有的研究结果都表明在同一菌种侵染不同植物或者侵染同一植物的不同生长部位对转化的结果都存在差异，有的甚至局限于某种植物的某一基因型。因此在进行转化之前有必要对植物的基因型进行选择。通常认为基因型的特异性与细胞的生理状态存在一定关系，具体来说与细胞受伤后的生理反应(如小分子酚类化合物的分泌)、细胞内源激素的水平(影响细胞的生长、分化)、细胞壁的结构(细菌吸附)等有关。对莴苣、拟南芥、马铃薯的转化研究中表明，基因型的差异对转化的影响比菌种的差异大。

2.4.3 再生植株的细胞起源对转化的影响

将外源基因导入那些具有再生能力的细胞是成功转化的关键。农杆菌主要作用于植物表层细胞，如果再生植株细胞起源于深层细胞，则转化很难进行，就算得到转化株，其转化成功率也很低，且转化株表现为嵌合体，即所谓的“转化”与“再生”的矛盾。通过对转化油菜研究发现，以胚轴切段为外植体容易得到转化体，而以子叶为外植体很困难。解剖学研究表明，芽起源于维管束薄壁细胞的再生方式有两种：第一种方式是位于切面的维管束薄壁细胞先产生愈伤组织，再分化成芽；第二种方式是直接从离切面 450～625μm 的维管束细胞不经愈伤而直接形成芽。以胚轴切段为外植体，两种再生方式都存在，而只能以第一种方式获得转基因植株。以子叶为外植体，只能通过第二种方式再生植株，从 1000 个外植体中只得到两株嵌合的转化株。依此推测，在子叶外植体中，由于具有再生能力的细胞团距离切口较远，细菌较难感染这些细胞，因而影响转化株的获得。木薯的转化中，幼叶外植体切口细胞对农杆菌比较敏感，且能从幼叶诱导高频率的胚状体的发生，但以此系统为基础的转化没有得到转化株，其原因是切口部位受细菌感染的细胞，只能呈现愈伤生长，而胚状体起源于离切口一定距离的内层维管束细胞，细菌难达到这些细胞，因此也难以得到转化株。

2.4.4 培养方法对转化的影响

转化后的外植体受到农杆菌及筛选药物的胁迫作用，因而它不同于纯粹的组织培养。为了使转化细胞正常生长，必须做到以下几点：①合理掌握接菌的数量、时间及共培养时间，要防止瞬时表达效率高导致细菌增殖进而使外植体不能生长的矛盾。某些外植体因农杆菌侵染导致生长受抑制，还有一些幼嫩的外植体被农杆菌侵染出现不能生长的现象。②转化前预培养能减轻伤害胁迫，调整细胞状态，有利于农杆菌的侵染。③使用化学药剂降低胁迫对外植体生长的抑制。70～90nmol/L 硝酸银能提高再生频率。在葡萄的转化中，胚性愈伤组织在接种农杆菌后生长受抑制，组织褐化导致细胞死亡，分析表明这是细胞的过氧化造成的。后来有人采用抗氧化剂二硫苏糖醇（dithiothreitol，DTT）和聚乙烯吡咯烷酮（polyvinylpolypyrrolidone，PVPP）能使被侵染的细胞恢复生长，有高达 63%的外植体能产生胚状体，进而得到转化植株。

2.4.5　不同选择药物对转化效率的影响

在农杆菌介导的基因转化中，一个重要的环节是转化后除菌处理，即共培养后要抑制农杆菌的生长，防止因细菌的污染而影响转化频率，这就需要在培养基中添加抑菌性抗生素，而目前抑菌性抗生素的种类较多，选用何种抗生素因植物而异。羧苄青霉素浓度在 300mg/L 时对青菜不定芽的分化影响较小，加入头孢霉素易引起外植体伤口褐化死亡。在甘蓝的研究中发现，羧苄青霉素抑制根的分化，而头孢霉素抑制芽的分化，因而在转化体进行芽的分化时应选择羧苄青霉素，而在根的分化阶段则宜采用头孢霉素。

在转化后的筛选过程中，通过选择标记基因和报告基因对转化体进行筛选。常用的选择标记基因和报告基因有：①*npt*Ⅱ（新霉素磷酸转移酶基因），它编码的产物对卡那霉素具有抗性；②*hpt*（潮霉素磷酸转移酶基因），编码的产物使潮霉素失活，从而产生抗性；③*gus*（β-葡糖醛酸糖苷酶基因），在一定条件下它的产物与底物发生作用，产生蓝色反应；④*dhfr*（二氢叶酸还原酶基因），它的产物对氨甲蝶呤产生抗性；⑤*bar* 基因，可以对除草剂产生抗性；⑥*spt*（链霉素磷酸转移酶基因），其产物对链霉素产生抗性。

对转化体的选择效果因植物品种、植物对抗生素的敏感性、筛选药剂、抗生素浓度、选择时间而异。就选择的时间而言，分为前期选择、中期选择、后期选择。一般认为前期选择有利于转化细胞对非转化细胞的竞争，而后期选择由于转化的细胞占极少数，在与非转化细胞竞争分化时处于劣势，因而难以得到较多的转化植株。

2.4.6　物理因素对转化效率的影响

光对诱导毛状根有一定影响。大多数植物毛状根的诱导在黑暗条件下进行，短叶红豆杉在全天 24h 光照条件下对毛状根的诱导效果最佳，紫苑毛状根在每天 12h 光照条件下的诱导频率比黑暗条件下高。发根农杆菌的增殖和活力对温度也十分敏感，其最适生长温度为 25～30℃，而 *vir* 基因在 28℃时表达能力最强。pH

对 *vir* 基因的活化影响极大，pH 改变 0.3 就会显著影响转化率。

2.4.7　化学因素对转化效率的影响

植物受伤细胞分泌的某些酚类化合物对 *vir* 基因的表达有诱导作用，小分子酚类化合物是诱导 Vir 区基因表达所必需的。现已发现有关的植物细胞释放的信号分子有 9 种，均为酚类化合物。目前广泛使用乙酰丁香酮(AS)及植物细胞培养液来诱导农杆菌，并在一些转化实验中取得了好的效果。儿茶酚、原儿茶酚、没食子酸、焦性没食子酸和香草酸等 7 种化合物处理农杆菌也可使 *vir* 基因高效表达。在共培养时间短、难以诱导 *vir* 基因表达的情况下，酚类物质的使用可能会产生好的效果。乙酰丁香酮的使用还可以减小植物基因型的差异，但在另一些植物的转化中，乙酰丁香酮的使用无效甚至有害。

第三节　发根农杆菌 Ri 质粒诱导产生毛状根的特点

转化植株在形态、生理和生长发育特性上因发根农杆菌种类差别以及所转化植物种类不同而不同。许多发根农杆菌转化植株表现为叶缘缺刻、叶片皱缩、节间缩短、顶端优势减弱、侧根和不定根分生能力增强等。但大多数转化植株产生的毛状根都具有一些共同的特征，体现在以下几个方面(孙敏和张来，2011)。

(1)毛状根具有很强的繁殖能力，可以制成人工种子长期保存。Uozumi 等用海藻酸钠凝胶包埋辣根毛状根并切段制成人工种子，其能再生出植株。Repunte 等报道，用辣根毛状根起源的细胞团制成的人工种子，在 25℃储藏 60 天后仍保持再生根的能力。

(2)毛状根是一个单细胞克隆，能在无激素的培养基上生长，适合用于离体培养，毛状根的生长习性表现为向地性全部或部分消失，趋向于水平生长。

毛状根属于生长素自养型，通常能在无激素的培养基上旺盛生长，其生长速率远远超过悬浮细胞培养。与愈伤组织和细胞悬浮培养相比，毛状根具有生长快、无须外源激素、有效代谢物质含量高和易于大量培养等优点。天仙子毛状根能在 1 个培养周期内鲜重增加 2500 倍。培养的黄芪毛状根在培养 16 天后增殖 404 倍，有效药用效成分黄芪皂苷的含量略高于生药。在培养金荞麦毛状根 19 天后，鲜重增殖达 1256 倍。这样增殖速率是悬浮细胞培养或器官培养不能相比的。

(3)植物毛状根具有向培养基中释放代谢物的特性，这一特性有利于分离提取次生代谢物。例如，黄花烟草毛状根培养物在 16 天生长期内，向培养基中分泌的尼古丁高达 10g/L。短叶红豆杉毛状根在悬浮培养 20 天期间，向培养液中分泌的紫杉醇含量达 0.01～0.03mg/L。还有一些研究也报道了相似的结果。

(4)植物次生代谢物的合成和积累量与细胞的分化程度有关。毛状根能够形成较高的次生代谢物，如未分化的长春花细胞所含的生物碱含量非常低，而在毛状根中却比较高。此外，毛状根还能合成一些愈伤组织不能合成的有效成分。例如，在黄花蒿的愈伤组织中不含具有抗炎症的药用成分青蒿素，但在毛状根中却能检测到青蒿素。

(5) 毛状根具有生物转化功能，能够产生许多新的化合物。通过人参毛状根的生物转化作用，洋地黄毒苷配基可以生成 5 种新的化合物。用烟草、颠茄和拟南芥的毛状根分别转化 4-甲基伞形酮-β-D-葡糖苷酸，皆能产生 4-甲基伞形酮。周立刚等将青蒿素添加到露水草毛状根培养体系中，经过 8 天培养后，青蒿素转化为去氧青蒿素。在人参毛状根培养 22 天后，向培养基中加入氢醌，持续转化 22h，检测发现外源氢醌转化为熊果苷的转化率达 89%，所合成的熊果苷占干重的 13%。

第四节　毛状根的培养与检测

毛状根的培养包括除菌培养、增殖培养、选择培养和分化再生培养；毛状根的检测则包括形态观察鉴定、冠瘿碱检测和报告基因检测。本节就毛状根培养的类型和检测的方法进行系统介绍(孙敏和张来，2011)。

4.1　毛状根的培养

4.1.1　毛状根的除菌培养

将毛状根尖端部分放在有抗生素的培养基上继代培养 2～3 周后，转入没有抗生素的培养基上观察，确定没有农杆菌存在后进行分化培养。抗生素能够使毛状根生长停止或愈伤组织分化，因而可选用不含抗生素的培养基进行多次尖端继代培养，最终达到除菌的目的。

4.1.2　毛状根的增殖培养

去除农杆菌的毛状根可在不含激素的培养基上迅速增殖。例如，在恒温、黑暗和振荡下，用 White 液体培养基培养毛状根 1 个月内可增殖上千倍。一些实验研究表明，1/2MS 培养基也适于毛状根的培养。但是在高盐浓度的 MS 培养基上毛状根根端和后部形成瘤状突起及愈伤组织，使毛状根停止生长。

4.1.3　毛状根的选择培养

转化外植体所产生毛状根的生长速率、分支形态会出现较大差异，这可能是由于所转化的 T-DNA 不同造成的。生长缓慢的毛状根可能是由于转化过程中 TL-DNA 没有转入细胞内。所以有必要对诱导出的毛状根进行筛选培养。

4.1.4　毛状根的分化再生培养

从毛状根或愈伤组织上再生植株也在一些植物中有报道，如烟草毛状根在无激素的 MS 培养基上能产生大量的不定芽，再由芽产生完整植株。多数植物的毛状根植株再生需要在培养基中添加相应的激素才能实现。如马铃薯和油菜等是在 NAA 和 6-BA 的作用下，由不定芽产生再生植株。

4.2　培养毛状根的检测

诱导出的毛状根是否确为转基因产物还需鉴定。可以从毛状根形态水平、冠瘿碱，以及报告基因如 *GUS* 和 *NPT Ⅱ*检测给予鉴定。

4.2.1　形态鉴定

转化的毛状根在形态上有典型的症状，它不依赖激素快速生长，根多丛生，多分支，多根毛，无向地性，这些表型的特征与未转化的根不同，可区分开，可以作为一种简单的目测标准。但是感染材料发根与否及发状根的形态与菌株、宿主类型、生理状态、培养条件、T-DNA 的随机插入位置及完整性等条件有关。有大量报道一些植物被发根农杆菌感染以后不表现发根的病症。用发根农杆菌感染葡萄时只出现冠瘿瘤而不出现发根，用发根农杆菌感染胡卢巴子叶时，产生了大量的瘤状物，有的子叶在两表面形成很短的根状突起却不能继续伸长为典型发根。

4.2.2　冠瘿碱检测

冠瘿碱是介导肿瘤或发状根发生的信号分子，转化毛根的有无可以根据冠瘿碱的有无进行筛选。Ri 质粒 T-DNA 带有合成生长素的基因和冠瘿碱合成酶（*nos*）基因，但是该基因需要在真核启动子的作用下才能表达，所以在原核的农杆菌细胞里不会表达冠瘿碱。当 T-DNA 整合到植物细胞核基因组后，在宿主细胞上游核启动子作用下开始表达，产生植物本身不存在的一种低分子碱性氨基酸衍生物即冠瘿碱。冠瘿碱合成是转化细胞的重要特征，不仅因为冠瘿碱是农杆菌的唯一能源，还由于某些冠瘿碱能介导 Ti 质粒或 Ri 质粒在不同农杆菌细胞之间相互转化，另外它影响 Vir 区基因的诱导。大多数转化毛状根都能通过高压纸电泳或纸层析检测到农杆碱或是甘露碱的存在，但是整合后的 T-DNA 随机性丢失也造成冠瘿碱检测的假阴性。

4.2.3　报告基因检测

改造的 Ri 质粒带有合适的选择标记，如新霉素磷酸转移酶（*NPT Ⅱ*）基因、氯霉素乙酰转移酶（CTA）基因等抗生素基因可以有效地用于选择转化细胞。β-葡萄糖苷酸酶(GUS)基因、绿色荧光蛋白(GFP)基因等报告基因的应用，能直接检测外源基因的表达，对鉴别转化子十分重要。前面章节中提到过 T-DNA 上带有一些特有的 *rol* 基因，这些基因的表达使植物表现出发根症状，它们的序列已经非常清楚，可通过设计 *rol* 基因的特异引物，用聚合酶链反应(PCR)从分子生物学上进行验证。

第五节　生物反应器与毛状根大规模培养

药用植物毛状根生产次生代谢物的工业化前景，关键取决于适合毛状根培养的反应器的研制成功。生物反应器培养植物细胞具有工作体积大、单位体积生产能力高、物理和化学条件控制方便、不受时间和地点限制、随时随地规模化生产等许多优点，用以培养药用植物毛状根不仅可以缩短其生长周期，还能提高毛状根中次生代谢产物产量，为实现毛状根生产天然产物的工业化奠定了基础。利用生物反应器大规模培养毛状根，往往会受到毛状根自身生长特点和生物技术的限制。毛状根生长的一大特点是新生的根围绕着老根生长，容易形成团状结构，当生长密度较大时，毛状根团在反应器中处于静止状态，就会限制培养液的流动和氧的传输。与细胞悬浮培养相比，其混合、物质传递、供氧和培养环境的控制比较困难(边黎明和施季森，2004)，毛状根细胞对剪切力也比其他类型的植物细胞更敏感(Suresh et al.，2005)。此外，不同大小、不同形状以及不同原理的生物反应器，对于毛状根生物量、增长速率和次生代谢物含量均有较大影响。总而言之，反应器放大的关键因素可以归纳为以下几点：①根的均匀分布；②培养液的充分混合；③均一供氧；④低剪切力。其中，最关键的问题还是剪切力和氧传递上的限制。通常毛状根的氧消耗率不高，但在反应器中维持足够的氧饱和度，对毛状根的生长及次生代谢产物的积累都有一定的影响(Suresh et al.，2005)。

5.1　毛状根大规模培养的新型反应器设计原则

许多实验证明，在植物细胞培养过程中，抑制细胞生长和损伤细胞的主要因素是剪切力，而不是氧供应不足；相反，过高的氧浓度往往抑制细胞生长和产物合成。提高混合程度、降低剪切力，是目前设计适于植物细胞培养反应器的主要原则；如果能提高植物细胞对剪切力的耐受程度，将大大简化反应器的选择和设计问题。还应加强过程检测和在线控制研究，主要参数有温度、pH、泡沫、细胞浓度、O_2 和 CO_2 浓度，建立毛状根培养的代谢、化学计算、动力学研究，建立毛状根生长代谢模型。

毛状根大规模培养反应器的选择和开发还应综合考虑以下几点：高密度培养物的混合效率；体系的剪切力大小及其对毛状根系统的影响；控制温度、pH、营养物浓度的能力；长时间维持无菌状态的能力；不同植物毛状根培养生物反应器培养系统的放大规律及大型化；提高反应器的空间利用率和接种自动化及均匀程度；毛状根在反应器中的工艺调控及动力学。

不同反应器具有不同的特点，不同植物毛状根的聚集体大小、氧需求、剪切力敏感性、培养液流体性能是有差别的，因而要根据不同毛状根特性选择适合其生长及代谢产物合成的反应器。为最大可能地得到所需要的次生代谢产物，还需要生物学和工程技术领域的研究人员紧密配合，对毛状根次生代谢的调控机制进行深入研究，从而通过调控反应器内毛状根生长的环境条件，对培养过程进行优化控制，使合成朝着我们希望的方向发展(高文远等，2003)。

5.2 适用于毛状根大规模培养的生物反应器

由于植物毛状根培养具有生长迅速、分支多、不需要外源生长激素等特点，因此用于毛状根的生物反应器的选择和设计也应适应这些特点并与植物细胞反应器有所区别。英国、日本、韩国及中国等国的科学家已对毛状根生物反应器进行了一些基本研究，并对紫草、甜菜、胡萝卜、长春花等多种毛状根进行了大规模生产研究。例如，黄芪毛状根的大规模培养实验，在 10L 体积的容器中经过 21 天的培养，其产量可达到 10g(干重)/L，粗皂苷与可溶性多糖的含量明显超过黄芪干燥根。研究发现，在培养后期，毛状根数量增加并且形成团状结构，使中间部分接触不到营养物质和氧气，导致该部分毛状根老化。同时使搅拌效率降低，有的在培养液中基本处于静止状态。与细胞悬浮培养相比，其混合、物质传递和培养环境的控制比较困难。因此在毛状根大规模培养中，如何使培养液充分混合和均一供氧是关键因素，为此要选择合适的反应器类型，尽量降低剪切力对毛状根的损伤。

5.2.1 搅拌式反应器

搅拌式反应器(stirred tank reactor)是传统的反应器类型。在微生物发酵培养方面应用很广，从牛顿型流体到非牛顿型的丝状菌发酵液都可以应用。这种反应器有叶轮，混合性能好，传氧效率高，操作简单，反应体系均匀，它的溶氧量易通过转速和通气量得到控制。但这种反应器耗能大，并且由于轮片旋转产生的剪切力易对植物细胞，尤其是毛状根造成伤害，使之愈伤组织化，从而不利于大规模培养。应用搅拌式反应器时，还发现植物细胞易在搅拌器和底部通气装置之间堆积，由于营养物质缺乏而导致褐化死亡。为了将之应用于植物细胞和毛状根培养，有研究工作者对这种反应器进行了改进，采用较大的平叶搅拌器或桨形搅拌器，并以相对低的速度搅拌，提供良好的搅拌效果，即使在高生物量时培养液也能得到较充分的混合，并能有效减少由于搅拌对植物细胞和毛状根造成的伤害，但这种改进型反应器仍然存在着体系放大的困难。用搅拌式反应器培养颠茄(*Atropa belladonna*)和旋花篱天剑(*Calystegia sepium*)毛状根生产多巴生物碱，容积达到1.0L。经过改进的反应器能很好地适合植物细胞和毛状根的生长，所以对搅拌式反应器的研究有很大的潜力。利用改进的 14L 搅拌式反应器进行曼陀罗(*Datura stramonium*)毛状根培养生产天仙子胺，并通过一个不锈钢网将搅拌区和毛状根生长区分开，获得了较好的结果。

5.2.2　鼓泡式反应器

鼓泡式反应器(bubble column reactor)是结构最为简单的反应器，气体从底部通过喷嘴或孔盘穿过液池实现气体传递和物质交换。它不含转动部分，整个系统密闭，易于无菌操作，培养过程中无须机械能消耗，体系放大容易。由于产生较少的剪切力，所以适合对剪切力敏感的细胞和毛状根的培养。但该反应器对氧的利用率低，对高密度及黏度较大的培养体系，反应器的混合效率会降低，并且经常会出现非循环区。在这种反应器中，要注意泡沫产生速率需要随着毛状根的增长而逐步增加。这种反应器已被用于颠茄、长春花(*Catharanthus roseus*)、孔雀草(*Tagetes patula*)等多种植物毛状根的大规模培养。利用 2.5L 的鼓泡式反应器培养颠茄毛状根生产莨菪生物碱，经 20 天培养，生物量干重达到 5.6g/L，但在培养过程中发现混合效率差，部分毛状根沉积在底部。

5.2.3　气升式反应器

气升式反应器(airlift bioreactor)没有叶轮，结构简单，借在中央拉力管中用压力空气射流，诱导液体自拉力管内上升，然后自拉力管外的环隙下降，形成环流，因而比鼓泡型反应器有更均一的流动形式。气升式反应器搅拌速率和混合程度由通气速率、气体喷射器的位置和构型(如喷嘴和烧结口)、容器的高度与直径比、升降速率比、培养液的黏度和流变性等因素决定。低气速、高密度培养物条件下，该反应器同鼓泡式反应器一样，容易出现非循环区，混合效果差。通气量提高会导致气泡产生，影响细胞和毛状根生长。可通过加消泡剂来解决。用带有不锈钢网导流筒的 9L 气升式生物反应器大规模培养胡卢巴(*Trigonella foenum-graecum*)的毛状根生产薯蓣皂苷元，在此反应器中毛状根生长分布较为均匀，在生长过程中，毛状根逐渐挂到不锈钢导流筒上，然后向四周平衡生长。这种改进的反应器接种方便，易于放大。

5.2.4　转鼓反应器

转鼓反应器(rotating drum bioreactor)主要由安装在转头上的一个鼓形容器组成。因为转子的转动促进了液体中溶解的气体与营养物质的混合，因此具有悬浮系统均一、低剪切环境、防止细胞黏附在壁上的优点，适合于高密度植物悬浮细胞的培养。这个鼓形容器通常旋转较慢，以减少剪切力对毛状根造成的伤害。利用转鼓反应器大规模培养胡萝卜毛状根，并在转鼓内表面固定了一层聚氨酯泡沫(polyurethane foam)，毛状根附着其上并且生长良好。该反应器也存在着体系放大的困难。

5.2.5　超声雾化反应器

营养液超声雾化技术应用于植物组织培养最早由 Weathers 等提出，此后，营养液超声雾化反应器(ultrasonic mist bioreactor)应用于组织培养的研究日益增多，涉及微生物、动物、植物组织及器官培养等领域，具有结构简单、操作方便、成本低等特点。由于采用雾化方式供氧，使营养液在反应器中能迅速扩散，分布均匀，反应器中供氧充足，湿度可调，其应用于毛状根大规模培养时，不仅避免了搅拌和通气培养带来的剪切力损伤，而且可解决植物器官长期液体浸没培养所带来的玻璃化和畸形化现象。目前的超声雾化反应器主要有两种形式：一种是雾化装置与培养装置分开，利用气体将营养雾由雾化装置带入培养装置，该装置结构较复杂，并且营养雾的浓度较低；另一种是雾化设备与培养装置为一体，结构较为简单，显示了良好的商业应用前景。刘春朝对雾化设备与培养装置结为一体的雾化反应器中营养液在超声雾化过程中理化因素的变化及反应器结构对营养雾流动的影响进行了探索，结果表明超声振动产生的能量使培养液成为细小的液滴，营养雾的成分与原液体培养基相同。雾化过程中反应器底部的培养液和营养雾的温度随雾化时间的延长逐渐升高，这是由于超声振动产生的能量有一小部分转化为热能所致。所以在使用该反应器时，应根据培养物对温度的敏感性选择合适的雾化时间。为减少营养雾温度上升，利用超声进行雾化培养时，一般采用间歇雾化方式，雾化时间以 5min 左右较为合适。刘春朝还自制了改进的内环流超声雾化反应器，在雾化反应器雾化头正上方距离营养液 2～3cm 的位置设置中心导流筒(长 20cm，内径 2.5cm)，同时在筛网间中心导流筒上开设圆孔，在雾化时营养雾从导流筒的顶端和导流筒壁上的圆孔同时冒出，使营养雾基本能够充满整个反应器培养空间，而且无须气体输送。在利用雾化反应器进行植物组织多层培养时，在筛网间的导流筒上开孔，使营养雾能够更快地充满整个反应器，尤其在培养后期顶层的培养物长得致密时，从顶端冒出的营养雾在沉降过程中多被上层所吸收，此时中间各层间的开孔可以较好地将营养雾送至中间各层，使培养物获得充足的养分。在反应器中还增加了筛网分层，避免了生长后期毛状根的沉积和结团。刘春朝利用这种改进的内环流雾化反应器进行青蒿毛状根的培养，毛状根在反应器中生长健壮，形态正常。

此外，旋转过滤反应器(spin filter bioreactor)、喷射流反应器(gas sparged bioreactor)、涡轮片式反应器(turbine blade reactor)等在毛状根的大规模培养中也

有尝试性的应用。

5.3　毛状根大规模培养的新技术

为了提高次生代谢物质的产出率，在细胞培养少有应用的双相(溶剂相和水相)培养技术也可应用于毛状根培养，该系统可以使产物及时同反应物分离，避免了产物的抑制效应，提高培养效率。双相培养系统包括液液培养和液固培养，在液固培养系统中，固相包括药用炭，硅酸镁载体，沸石，丝绸，树脂 XAD-2、XAD-4、XAD-7，反相硅胶，等等。在液液培养系统中，加入的液体提取相有液状石蜡等有机溶剂。在双相培养系统中，次生代谢物产生后，可立即进入另一相，消除了负反馈作用，使目标产物的量得以提高。用双相培养法培养孔雀草(*Tagetes patula*)毛状根产生噻吩，1 个月后产生目标产物噻吩 465μg，其中分泌于胞外的噻吩占 30%～70%，远高于单相培养的 1%。

对特别珍贵成分的生产，可以通过发酵培养一段时间后，收集毛状根，提取目的产物。由于毛状根也会向培养基中分泌次生代谢产物，因此对大多数情况来说，定期从培养液中提取目的产物，及时补充各种营养物质，保证毛状根连续培养更为可取。为增加产量和降低成本，可将反应器与一分离柱串联。在培养黄椴木(*Duoisia leihhardtii*)毛状根生产莨菪胺时，采用 2L 反应器串联一个填充 Amherlite XAD-2、体积为 25mL 的填充柱，培养液经过填充柱后在被泵回到反应器中，6 个月后，97%的莨菪胺被吸附于柱上，产率提高了 5 倍，纯度达到 90%。

由于光照对某些毛状根的次生代谢产物生成是必需的，所以也有研究者在毛状根的大规模培养中考虑了反应器的光源作用。例如，徐明芳等认为程控集成光-超声雾化双功能生物反应器将是培养发根的理想反应器。

第六节　毛状根培养条件筛选

Ri 质粒 T-DNA 的 *rol* 基因与植物激素间的相互作用，影响植物细胞分化和植株再生，从而间接影响某些次生代谢产物的合成。迄今，已从上百种植物获得的毛状根转化植株中表现出了一些形态或生理生化特性的变异，如烟草的矮化、天竺葵观赏性状的改变和小冠花一硝基丙酸含量的下降等(韩晓玲等，2006)。药用植物中已有龙胆、丹参等多种植物发根农杆菌转化的毛状根再生植株的报道(李集临等，1993)。

利用发根农杆菌转化植物获得毛状根，诱导和分化后形成再生植株。再生途径一般有两条：经愈伤组织阶段和不经过愈伤组织阶段。一般情况下，再生都要经过愈伤组织阶段再诱导芽及根的分化；但一些植物可直接诱导出芽和根而不经愈伤组织阶段，如落蓝毛状根在含有 6-BA 的培养基上可不经过愈伤组织阶段直接出芽，烟草毛状根在无激素的培养基上可产生大量的不定芽，而胡萝卜等毛状根分化再生植株是通过不定胚阶段。Ri 质粒转化植株的形态特征是非常值得重视的，尽管发根农杆菌的种类不同及转化所采用的植物材料不同，但它们的转化体绝大多数具有共同的特征：①能在无激素培养基上生长。②分生不定根和侧根的能力极强，呈现毛状根。③根趋向于水平生长，向地性全部或部分消失，多数根含有相应的冠瘿碱。但是不同植物在转化根的生长习性上有一定差异，同一植物的不同组织也可产生不同的转化根系。④转化植株的形态、生理及生长发育特性表现出一系列异常变化。许多发根农杆菌转化植株的叶缘缺刻变浅、叶片皱缩、节间缩短、顶端优势减弱、侧根和不定根分生能力增强等。⑤一些转化植株的渗透势降低，细胞液中 K^+减少、呼吸速率降低。

毛状根可以再生为可存活的完整植株，并且该再生植株同样具有遗传稳定性。但有时转化毛状根会表现出与对照不一样的表型，称为“毛状根症状”(hairy-root syndrome)，它是一种普遍现象。*rolA*、*rolB*、*rolC* 基因的表达是主要原因，它们在线型质粒中的座位都对应着一种典型的表型变化。*rolA* 与茎节缩短、叶起皱有关；*rolB* 与斑点生成、雄蕊长度缩短相关；*rolC* 则造成茎节变短，去除顶端优势(Palazon et al.，1998；Van et al.，1992)。

毛状根可以直接再生或转到含激素的培养基上再生为完整植株。质粒转化的优势在于具有较高的转化效率和较快的再生频率，可以不需要选择压筛选而获得转基因植株，避免了使用化学选择压对植物生长的抑制。另外，根癌农杆菌(*Agrobacterium tumefaciens*)介导的植物转化会导致高频基因沉默，而发根农杆菌介导的植物转化则可以在经过几轮毛状根培养后获得稳定表达外源基因的转化子，这些毛状根可以用作器官培养和随后的植株再生而不会产生性状变异。

毛状根可以在无激素的培养基上快速生长的特点使它可以运用于珍稀植物的无性繁殖(Perez-MolPhe and Oehoa-Alejo，1998；Hoshino and Mii，1998；Gutierrez-Pesee et al.，1998)。离体培养的毛状根生长迅速，侧芽和叶片的形成都很快，可以有效地对不易繁殖的植物进行快速繁殖。毛状根再生植株在形态上的一些变异，如形成大量不定根、去除顶端优势、植株变矮、叶片发皱等可以增加植株的观赏价值。在毛状根再生植株的叶片中含有较高水平的目标代谢产物，所以可以通过叶片提取的途径获取和生产有用的化合物。例如，树木生长相对较长，生长周期限制了它的利用，传统育种方法通过亲本杂交进行遗传改良的周期长，过程烦琐。发根农杆菌介导的遗传转化有其生长迅速、转化快捷、表现特异性状的独特优势，在一些树种已经成功实现了转化和再生。

Sevon 等(1997)通过对埃及莨菪(*Hyoscyamus muticus*)毛状根的再生转基因植株的分析，发现其莨菪烷生物碱含量大幅度提高。张继栋等(2008)分别采用“一步法”和“两步法”建立了木本植物曼陀罗的毛状根植株再生体系，用 PCR 技术从再生植株叶片中得到了 *rolB*、*rolC* 目的基因片段。高效液相色谱(HPLC)检测结果表明毛状根再生植株中莨菪烷类生物碱的含量较野生植株有明显的提高。汪洪等(2008)将四倍体菘蓝毛状根放在不含激素的 MS 固体培养基上培养能分化出不定芽，但 6-BA 能促进毛状根不定芽的诱导，而 NAA 能促进不定芽生根，再生成完整植株。徐洪伟等(2005)将玉米毛状根在玉米素(ZT)和 NAA 的 MS 培养基上，再生成完整转化植株，PCR-Southern 杂交证实 T-DNA 已整合入转化植株的染色体。有实验表明，由毛状根再生的植株与雪莲外植体再生的植株在形态上无明显区别，但前者的黄酮含量仅为后者的 53%(付春祥等，2004)。利用诱导出的甘薯毛状根，选择出 5 个无性系建立了甘薯的毛状根植株再生体系，同时用随机扩增多态性 DNA(RAPD)分子标记检测出了再生植株的多态性(Sun et al.，2000)。周延清等(2007)利用发根农杆菌菌株感染怀地黄组织培养苗子叶、叶柄和茎切段，建立了有效的毛状根培养及其植株再生体系。王跃华(2006)也建立了川黄柏高效遗传转化系统和毛状根植株再生体系。张荫麟等(1990)用发根农杆菌 15834 株、LBA9402 株和根癌农杆菌 C58 株感染丹参无菌苗，完成质粒转化后诱导出毛状根和冠瘿瘤；将毛状根和冠瘿组织在无激素的培养基上于光照条件下培养，分化出转化后的丹参再生植物，再生植物移植到土壤中能够成活；用发根农杆菌转化后的再生植株具有节间缩短、矮化、地下部毛状须根发达等特征；用根癌农杆菌转化后的再生植物生长旺盛，地上部分较原植物高大，根系发达，根产量和丹参酮含量都高于原植物。

第七节　影响毛状根次生代谢产物合成的因素

毛状根中次生代谢物的合成是由遗传控制的，同时也受营养和环境因素的影响。培养基的成分(如碳源、氮源、外源激素等)和培养条件(如光照、温度、诱导子等)都会影响毛状根的生长及次生代谢产物的合成。本节主要概述各种培养条件对毛状根生长及其有效成分合成的影响，为利用大规模培养毛状根作为生物反应器生产次生代谢产物奠定一定的基础，同时也为药用资源可持续发展提供有效途径。

7.1　化学因素

培养基的化学组成对毛状根及其次生代谢产物合成有较大影响，其中主要集中在碳源、氮源、外源激素、pH 及培养基中其他因素等方面。

7.1.1　碳源

糖的种类和浓度不同，对毛状根生长和次生代谢产物积累影响不同。培养基中的碳源种类及浓度对毛状根生长及其次生代谢产物的影响可因植物种类的不同而有所差异。为毛状根提供碳源的糖类较多，但对不同的单糖、双糖如何影响毛状根生长及其产物合成了解的还比较少。目前对毛状根代谢糖类机制了解得较为深入的是甜菜毛状根模型（Pedro et al., 2002）。对于甜菜毛状根，蔗糖能够快速被利用，其次为麦芽糖；葡萄糖只能被有限地利用；果糖、乳糖、半乳糖、木糖、甘油既能抑制毛状根生长，也能抑制甜菜色苷合成。在反复采用相同碳源条件下，麦芽糖、葡萄糖不能被吸收；甘油只能在低量蔗糖存在的条件下，才可被消耗以促进毛状根的生长，但不能促进甜菜色苷的合成；果糖可能会刺激毛状根分泌某些化合物，因而造成培养液渗透压的增加。从已报道的结果看，蔗糖是最好的碳源，在植物吸收时可以水解为葡萄糖和果糖，但是蔗糖的利用速率随植物种类而不同（Shih-Yow and Shih-Nung，2006）。尽管增加初始蔗糖浓度对毛状根生长及次生代谢产物合成的影响较大，但究其原因，蔗糖浓度的增加并不能产生渗透效应，可能是由于次生代谢产物与生长相关联，因此生长速率提高，也就提高了次生代谢产物的合成。那么为什么蔗糖水解后的果糖没有对毛状根生长及次生代谢产物合成产生抑制作用？作者认为可能是由于葡萄糖的存在，改变了果糖的不利作用。杨睿（2005）在培养水母雪莲毛状根时，使用蔗糖或葡萄糖单独做碳源，50g/L 葡萄糖效果最好，毛状根干重和总黄酮合成量分别达到 716g/L 和 773mg/L；而 70g/L 蔗糖或葡萄糖对毛状根生长和总黄酮合成都不利，这说明高糖浓度对毛状根生长和总黄酮生物合成有抑制作用，与龙胆毛状根生长及龙胆苦苷的生物合成极为相似。另外还发现使用组合碳源效果更好，20g/L 蔗糖和 30g/L 葡萄糖组合时，毛状根生长量达到 716g/L（干重），总黄酮合成量达到 850mg/L，比二者单独做碳源效果都好。Yu 等（1996）发现培养基中蔗糖浓度在 2%～12%时能明显影响澳洲茄（*Solanum aviculare*）毛状根的生长及其生物量的积累；并且在含 4%～6%蔗糖的培养基中培养 28 天的毛状根中类固醇类生物碱的含量最高，约比在含 3%蔗糖的培养基培养高 60%。在培养青蒿（*Artemisia annua*）毛状根时发现，在一定范围内提高蔗糖浓度能促进青蒿毛状根的生长，其中尤以 5%的蔗糖最有利于毛状根青蒿素的积累；但当蔗糖浓度达到 8%时，毛状根的形态发生明显的改变，分支减少，根变粗，极易断裂，颜色由淡黄色变成浅黄色，生长受到严重抑制。此外，有研究者对天仙子（*Hyoscyamus albus*）、曼陀罗、骆驼刺（*Alhagi sparsifolia*）、三裂叶野葛（*Pueraria phaseoloides*）和黄芩（*Scutellaria baicalensis*）等植物碳源的选择进行了较为深入的尝试。

可见蔗糖浓度对毛状根生长及其次生代谢产物的影响程度因植物种类而异。蔗糖作为培养基中的重要碳源，多数研究集中在研究培养基中的蔗糖浓度对毛状根生长及其次生代谢产物积累的影响，而对毛状根培养过程中蔗糖本身的代谢变化或消耗速率与毛状根生长和次生代谢产物积累的研究较少。例如，在何首乌[*Fallopia multiflora*（Thunb.）Harald.]毛状根培养过程中，培养基中蔗糖的消耗速率与毛状根培养物生物量积累的速率呈正相关。在培养丹参(*Salvia miltiorrhiza*)毛状根时发现，培养基中的蔗糖在16天内消耗完，因此在培养的第14天时补加蔗糖至3%，则次生代谢产物二萜化合物的最终积累会大大增加。此外，在研究玫瑰茄(*Hibiscus sabdariffa*)细胞悬浮培养时发现，蔗糖在培养后第4天就全部分解为葡萄糖和果糖，至第16天时葡萄糖和果糖已全部被吸收利用。

7.1.2　氮源

氮(包括NH_4^+和NO_3^-)是重要的大量元素，它与植物生长和基因表达的信号转导有关。硝态氮(NO_3^-)可提高氨基酸和蛋白质含量，改变激素含量、根结构，降低根冠比，同时调节碳代谢，从而影响次生物质的生物合成。很多研究发现，改变培养基中的NO_3^-与NH_4^+的比例，能够提高毛状根中次生代谢产物的含量。常采用的无机氮源主要是硝酸盐和铵，这些无机氮源对不同的毛状根生长与次生代谢产物产生怎样的影响日益受到关注。以莨菪毛状根为例，在MS基本培养基的基础上随着铵浓度的增加，莨菪毛状根干重减少。原因可能是铵是扩散性很强的物质，很容易聚集到组织中，如果不能及时代谢则产生毒性，因此培养基中铵浓度太高，将对细胞代谢产生抑制作用，同时过高的铵浓度也将影响细胞对硝酸盐的吸收(Bensaddek et al.，2001)。硝酸盐、铵对东莨菪碱、莨菪素生物合成的影响则相反，减少硝酸盐浓度则东莨菪碱产量增加，而且硝酸盐、铵的比例对东莨菪碱、莨菪素的比例产生一定影响。报道结果说明硝酸盐和铵对毛状根生长及其次生代谢产物合成产生较为重要的调控作用，因此硝酸盐和铵的比例、总添加量、添加时间对毛状根的影响有必要得到细化研究(Guo et al.，1998)。

杨睿(2005)发现氮源总浓度对水母雪莲毛状根生长和总黄酮生物合成的影响比较明显。培养基中氮源总浓度为30mmol/L，NH_4^+与NO_3^-的比例为5∶25时，毛状根生长量和总黄酮合成量均达到最大。木本植物曼陀罗毛状根在MS基本培养基的基础上随着铵浓度的增加，曼陀罗毛状根干重减少。在大量培养黄芩毛状根时，MS中的NH_4NO_3表现出对黄芪毛状根生长的抑制作用，在无NH_4NO_3的无激素MS培养基中，黄芪毛状根的生长量增加20%以上。孙敏和曾建军(2005)在研究长春花毛状根在不同氮源培养基中次生代谢产物的积累量时，所用氮源有牛肉浸膏、酵母粉、蛋白胨、水解乳蛋白。结果表明，以水解乳蛋白为氮源次生代谢产物的积累量最高，每瓶干重增加了0.689g；酵母粉最低，每瓶只有0.194g。

另外，对青蒿素的研究表明，当NO_3^-与NH_4^+的比例为5∶1时培养毛状根24天，其中青蒿素的产量比标准MS培养基高出57%，说明培养基中的氮源是影响青蒿毛状根产生青蒿素的一个非常重要的因素(刘春朝等，1999)。

7.1.3　外源激素

植物激素是植物组织培养中的关键因子，不仅影响细胞生长，还影响细胞次生代谢产物的合成。毛状根可以在不含激素的培养基中快速生长，因为毛状根在生长过程中能够自身分泌或合成所需要的激素，但这并不说明激素对毛状根中次生代谢产物的形成和积累没有影响。不同的激素种类对毛状根的作用也不同，植物激素对植物细胞中各种酶的合成和活性具有调节作用。激素可以通过促进合成或抑制降解来增加酶的活性。植物激素对酶活性的调节可以帮助人们从分子水平上进一步探讨激素的作用机制。研究证明，生长素和细胞分裂素可以调节蛋白质的代谢，并且对植物基因的表达有显著的调节作用。根据推测，植物激素之所以能影响毛状根的生长及次生代谢产物的合成，可能是由于其对某些基因的调控，影响了次生代谢产物生物合成中某些关键酶合成的缘故。

刘传飞等(2001)最先研究了吲哚乙酸(IAA)、吲哚丁酸(IBA)、萘乙酸(NAA)3种激素对野葛正常根、毛状根生长的影响。结果表明，这3种激素对主根和侧根产生不同的效应，如IAA、IBA对正常根主根生长和侧根延长产生的效应比较类似，即0.1μmol/L有刺激延长作用，而0.25μmol/L则产生抑制作用。但毛状根对于激素影响主根生长及刺激侧根形成的响应则较不敏感，这可能是由于在正常根与毛状根之间，对激素识别与传导机制上存在较大的差别。植物种类不同，激素影响也不一样，如辣根与野葛，主要表现在对毛状根的侧根形成产生不同影响，但对侧根的延长影响较为相似。产生差别的原因是由于IAA、IBA是天然激素，在代谢调控机制下可被代谢到适宜的浓度，但NAA是合成激素，能够积累并保持较高的效应。除对根的生长产生影响外，激素也影响根中乙烯的生物合成，一般而言，乙烯可抑制主根的延长，促进侧根的延长。此外，激素与T-DNA区基因的相互作用也起到很大作用。例如，发根(*rol*)基因控制激素代谢和生理代谢，而激素又刺激*rol*基因的表达。所有的这些因素使得毛状根系统生长和代谢发生较大变化。因此，深入认识激素影响毛状根的机制有助于合理使用激素调控。在基本培养基中加入GA_3，对水母雪莲毛状根产生强烈促进作用。GA_3浓度为0.5mg/L时，毛状根生长量达9.1g/L(干重)，总黄酮合成量达到936mg/L，分别是基本培养条件下的1.2倍和1.5倍。0.5mg/L GA_3和0.5mg/L IBA组合对毛状根生长和总黄酮合成最有利，生长量为12.6g/L(干重)，比基本培养条件时提高了70%；总黄酮合成量为1287mg/L，比基本培养条件时提高了1倍。而对于水母雪莲愈伤组织生长和总黄酮合成而言，以添加1mg/L NAA和0.2mg/L KT效果最优，这可能是由于毛状根培养属于器官培养，愈伤组织不具备器官的形态、结构及性质，两者的次生代谢产物合成方式有较大差别，受外源激素调控的能力不同(杨睿，2005)。齐香君等(2006)发现，NAA可同时促进毛状根的生长和黄芩苷合成，培养基中添加 0.4mg/L NAA 可使黄芩苷产量提高 25.74%；6-BA 对黄芩苷合成具有明显的促进作用，其质量浓度为 0.2mg/L 时，黄芩苷产量比对照提高了 24.75%，但对毛状根的生长有抑制作用；2,4-D 则完全抑制毛状根生长。在研究生长调节物质对栝楼毛状根生长和天花粉蛋白(TCN)合成的影响时发现，添加 GA_3 和矮壮素(CCC)虽然影响栝楼毛状根的生物量积累，但是有利于促进天花粉蛋白的合成，当 GA_3 的添加量为 2mg/L 时，天花粉蛋白含量增加了 18.9%；添加 1～2mg/L CCC，天花粉蛋白提高了 28%(郭志刚等，2000)。

另外，利用发根农杆菌 ATCC15834 转染酸浆果时，Putalun 等发现在不含激素的培养基中培养的毛状根的含量远远不及添加激素 NAA 和 BA 两种激素的培养基中培养的毛状根的含量，两者相差 2.6 倍多。通过加大外源生长素和生长分裂素的比例使茄科植物莨菪中天仙子胺的含量增加了 40%。

7.1.4　pH

培养基的 pH 对发根生长和次生代谢产物的产生均有影响。液体培养基的 pH 影响液体培养基中矿质元素的存在状态，从而影响根系对元素的吸收。不同植物毛状根生长对 pH 的要求不同，培养基的最适 pH 一般为 5.0～6.0。

胡卢巴(*Trigonella foenum-graecum*)毛状根在 pH 5.0～6.0 液体培养基中的生长量无差异。当培养基的 pH 为 6 时，黄芪毛状根生长量达到最大值，而 pH 大于或小于 6 时，其生长量均受不同程度的限制。pH 小于 6.0 时有利于发根生长和青蒿素的产生，有 70%的青蒿素释放到培养基中；pH 大于 6.0 时，青蒿素完全释放到培养基中。水母雪莲毛状根生长及总黄酮生物合成的最适 pH 为 5.8，过高和过低的 pH 都不适合水母雪莲毛状根总黄酮形成(杨睿，2005)。对高山红景天毛状根培养的研究，发现培养基的 pH 为 4.5～4.8 时毛状根生长最佳。于树宏等(2005)在对野葛毛状根离体培养与异黄酮生产的实验中发现，野葛毛状根在 pH 为 5.5～6.0 时生长最好，超过此范围的 pH，毛状根生长量有所下降，因此培养基的 pH 以 5.5 为宜。

7.1.5　培养基中其他因素

微量元素、大量元素、溶解氧、氨基酸等对毛状根生长和次生代谢产物合成也产生不同影响。

代表性的微量元素主要包括镍、镉、钙等。杨世海等(2005)研究不同浓度的稀土元素镧对掌叶大黄毛状根和非转化根生长及蒽醌产量的影响，发现镧浓度对掌叶大黄根生物量积累有显著影响，培养基中为镧浓度为 10mg/L 时，对掌叶大黄根生长表现出明显的抑制作用；镧浓度对 3 种掌叶大黄根的蒽醌产量有极显著影响，当培养基中镧浓度 1.0mg/L 时，蒽醌产量最高；经稀土离子处理的 3 种掌叶大黄根中芦荟大黄素和大黄酸显著高于大黄素、大黄酚和大黄素甲醚。说明培养基中添加适宜浓度的稀土离子对掌叶大黄单克隆毛状根的生物量积累和蒽醌类化合物的合成具有明显的促进作用。

磷是影响植物生长和物质代谢最重要的大量元素之一，如磷缺乏或磷饥饿等不仅影响其他矿质元素的吸收，影响根的生长并改变其结构，而且还能诱导或影响某些基因的表达及某些酶活性和蛋白质含量，促进根部有机酸的分泌及其次生代谢类型的改变。施和平等(1998)研究培养基中磷缺乏对黄瓜毛状根生长形态和其抗氧化酶活性，以及培养基中氮源和钙消耗等的影响，发现黄瓜毛状根在完全缺磷的培养基中几乎不能生长，培养基中无机磷缺乏会抑制黄瓜毛状根的生长，且浓度越低，其抑制作用越明显，毛状根变得越纤细而长，侧根数减少且短小；磷缺乏培养基培养的黄瓜毛状根中可溶性蛋白质含量明显偏低，但其超氧化物歧化酶(SOD)和过氧化物酶(POD)活性明显升高；培养基中无机磷缺乏会降低黄瓜毛状根对培养基硝态氮的吸收和消耗以及抑制黄瓜毛状根对钙的吸收，适当提高培养基的无机磷浓度可促进黄瓜毛状根对培养基中钙的吸收和消耗。

如果对毛状根合成次生代谢产物的反应途径有一定了解，则添加相应的前体可能会增加产物产量。例如，甜菜毛状根合成甜菜色苷的代谢过程的最后一步主要由甜菜醛氨酸与氨基酸合成甜菜色苷，因此添加氨基酸就可能提高甜菜色苷产量。考虑到毛状根中的一些过氧化物酶类与次生代谢产物的降解有着密切的联系，所以如何降低这类氧化酶的活性从而提高次生代谢产物在毛状根中的积累量是非常值得关注的。

7.2 物理条件

物理因素也可以明显影响植物毛状根生长和次生代谢产物的合成，其中主要包括光照和温度。

7.2.1 光照

在培养条件对毛状根产生次生代谢产物的影响中，研究光的条件影响次生代谢产物的较多。光照对诱导分化通常是必要的，可以激活某些酶的活性及光诱导的叶绿素或叶绿体代谢产物。光作为调节植物生长发育的重要影响因素，不仅可调节植物的多种生理功能，还可调节离体培养物的生长及其次生代谢水平。

一些研究表明，光照对毛状根生长与合成产物的影响随着植物种类的不同而有所差异。植物毛状根的生长及其次生代谢水平可受光的调节，并可因光质不同而有所差异。由于可见光包括不同波长的光线，因此应当考虑光源对毛状根生长和合成次生代谢产物产生的影响。王玉春等(2000)采用385～790nm波长的光源，研究其对青蒿毛状根生长及产生青蒿素的影响，结果表明：相对其他光源，在

660nm 波长的光线下，青蒿毛状根干重和青蒿素含量都达到最大。最可能的解释是：借助于光形态发生学说，光敏色素在红光照射下成为激活状态，使得一些酶的酶活发生改变，次生代谢产物合成途径因而受到调节。何含杰等(2005)研究了光对三裂叶野葛毛状根次生物质产生的影响，与暗培养相比，蓝光和白光处理下的毛状根虽生长较缓慢，但其毛状根培养物中异黄酮类化合物含量比暗培养高，且白光的效果更明显。结果还表明，蓝光抑制毛状根中葛根素的积累，而白光则促进毛状根中葛根素含量的积累，这与光照影响人参(*Panax ginseng*)毛状根培养的结果一致。结果表明蓝光和白光培养的毛状根干重比暗培养的提高 37.1%和23.3%，而且白光处理的毛状根比蓝光暗培养的毛状根中的葛根素含量高。在培养青蒿毛状根时发现，在一定范围内提高光照强度和光照时间可以促进青蒿毛状根的生长及青蒿素的合成和积累。当毛状根在 3000lx 白光下照射 16h，青蒿毛状根的干重及其培养物中青蒿素含量均达到最大。

毛状根培养一般不需要额外的光照，但有些植物的毛状根在光照一段时间后开始变绿，这种绿色毛状根的生长速率和其中次生代谢产物的含量都大幅度提高，可能是因为一些在原植物叶中表达的产物在绿色毛状根中也得到表达，或是激活了合成途径中的某些酶，从而促进了次生代谢产物的合成。例如，无刺曼陀罗(*Datura inermis* Jacq)毛状根在光照下变绿，其中莨菪烷生物碱含量大幅度提高；但也有相反的情况，如高山火绒草(*Leontopodium alpinum* Cass)的毛状根在缺光的条件下培养能增加挥发油的进出率。用光照培养雪莲毛状根，毛状根生长量可达到全黑暗培养时的 2.1 倍，总黄酮合成量可比全黑暗时提高 160%。利用 HPLC 测定不同光照处理的大豆(*Glycine max*)幼苗的异黄酮类含量时发现，幼苗内的异黄酮含量随光照时间的增加而显著升高；相反，黑暗中幼苗的异黄酮含量则随苗龄的增加呈下降趋势，表明光照可明显促进大豆植株的异黄酮积累(杨睿，2005)。

7.2.2　温度

温度对次生代谢产物也有一定的影响。然而温度对毛状根生长和代谢的影响不大受到重视，其原因主要在于一般认为生物的生长和代谢总是存在最佳的温度。但是由于正常的植物一天中受到不同温度、光照强度的影响，次生代谢的变化可能会很大，因此研究温度模式对毛状根生长和次生代谢的影响显得较为重要。

一般植物组织培养的温度为 20～25℃，次生代谢产物的积累对温度的依赖性依不同培养系而异。

水母雪莲毛状根生长及总黄酮生物合成适宜温度为 24℃，此时毛状根生长量及总黄酮合成量均达到最大；温度为 28℃时毛状根生长及总黄酮合成开始受到强烈抑制，说明高温对水母雪莲毛状根生长和总黄酮生物合成的抑制影响较低温更加明显(杨睿，2005)。Yu 等(1996)研究温度对茄毛状根培养的影响，发现 25℃

是最适宜该植物毛状根生长的温度。Kee-Won 等(2005)首先采用高丽参毛状根作为研究对象，考察了 24h 两种温度处理方式对生长和次生代谢的影响，结果 20℃(白天 12h)/13℃(夜晚 8h)的处理使得高丽参毛状根生物量及人参皂苷产量达到最大。研究不同温度(15～35℃)对青蒿毛状根生长和青蒿素生物合成的影响，发现 25℃有利于毛状根生长，30℃促进了青蒿素生物合成。通过温度改变的二步培养技术(培养前 20 天温度控制在 25℃，后 10 天温度提高到 30℃)，青蒿素的产量得到明显提高，高于在恒温培养时(25℃或 30℃)的结果。

7.3 诱导子

诱导子(elicitor)主要是引起植物产生过敏反应的物质，由于诱导子能引起植物体内特殊的次生代谢产物积累，因此被用于毛状根培养。诱导子是指在培养基中添加后能够刺激发根中次生代谢产物产生的化学或生物因子，同时也可能引起发根中次生代谢产物向外分泌。这些因子包括金属离子、除草剂、寡聚素、真菌菌丝等。常用的诱导子是从真菌中提取的多糖物质和植物细胞壁粗提物。

诱导子可作为研究植物次生代谢产物信号识别及其细胞内信息传递的良好载体。诱导子分为：内源性诱导子，多为植物细胞壁的降解产物；外源性诱导子，指真菌入侵植物时自身的降解产物如多糖类、糖蛋白类、蛋白质类及不饱和脂肪酸类。目前研究较多的是采用真菌提取的多糖物质作为外源性诱导子。真菌诱导子在植物细胞与真菌的相互作用中能快速、高度专一性地选择诱导植物中次生代谢产物的积累。真菌诱导子是来源于真菌的一种确定的化学信号。在植物与真菌的相互作用中，能快速、高度专一和选择性地诱导植物特定基因的表达，进而活化特定次生代谢途径，积累特定的目的次生产物。利用真菌诱导子作为调控植物次生代谢，进而提高目的次生产物含量的一种手段，已在植物组织和细胞培养中得到广泛应用。在菊科植物毛状根培养中加入疫霉菌(*Phytophthora* spp.)菌丝提取物，使多炔类含量显著提高。万寿菊毛状根培养物经黑曲霉菌丝体匀浆物处理，会促进噻吩成分的积累，比对照提高 85%。长春花毛状根培养中加入曲霉菌(*Aspergillus* spp.)匀浆物，可使阿吗碱和长春碱分别提高 66%和 19%。

在植物次生代谢调控中酵母提取物是使用较多的一种诱导子。例如，酵母提取物加入到紫草(*Lithospermum erythrorhizon*)悬浮细胞培养物中，6 天末迷迭香酸增加 2.5 倍，在迷迭香酸合成前苯丙氨酸解氨酶活性迅速增加。将红酵母(*Rhodotorula rubra*)的高温灭菌匀浆加入到芸香科植物的悬浮培养物中引起 *S*-腺苷-L-甲硫氨酸和邻氨基苯甲酸 *N*-甲基转移酶活性增加；一种酵母多糖诱导唐松草(*Thalictrum aquilegifolium*)和金英花(*Eschscholtzia californica*)的悬浮培养物产生 L-酪氨酸脱羧酶。经高剂量(4g/L 终浓度)酵母提取物的乙醇沉淀诱导第 8 天后，丹参细胞能显著积累酚酸和丹参酮，同时培养液中丹参酮水平提高。

诱导子促进植物次生代谢产物积累的机制至今尚不清楚。目前的解释主要采用病原刺激植物抗病机制的理论，该理论认为在病原菌侵染植株后，使植物改变了代谢途径，合成抗病的次生代谢产物，这一过程激活与植物抗性相关的氧化酶类有关，包括过氧化物酶(POD)、多酚氧化酶(PPO)、过氧化氢酶(CAT)、苯丙氨酸解氨酶(PAL)、脂氧酶等。一些新的观点也不断出现，如作为一类信号传导物，诱导次生代谢物形成过程中基因的转录激活；或者改变植物细胞膜特性，从而促进次生代谢产物的提高；等等。由于对大多数诱导子的具体成分尚不清楚，其具体作用机制也不明确，因此筛选诱导子或诱导子组合成为目前的主流研究内容，但纯化诱导子、考察诱导子添加时间也逐渐得到研究者的关注。其中丹参的诱导子研究的最为清楚。

晏琼等(2006)比较了几种生物诱导子如酵母提取物、寡半乳糖醛酸、真菌诱导子，及非生物诱导子如 Ag^{+}、Co^{2+}和 α-氨基异丁酸对丹参毛状根培养生产丹参酮的影响。结果发现，生物诱导子和非生物诱导子都表现出了一定的诱导选择性。所有的生物诱导子都显著提高了隐丹参酮的量，而所有的非生物诱导子都选择性地提高了丹参酮Ⅰ的量；并且在大部分情况下，添加的诱导子都没有对丹参毛状根的生长造成明显的抑制作用。诱导子之间发生协同作用的可能原因是那些非生物成分激活了毛状根的系统性抗性，诱发根处于易感染状态。当系统性抗性被激活、处于易感染状态的毛状根接受到生物诱导子的刺激时，对它的侵害刺激更加敏感，毛状根内一系列与细胞防御反应相关的生理生化过程被强化，次生代谢途径活化程度被提高，次生代谢产物或植保素等防御性物质的积累增加。而不同诱导子组合之间的诱导选择性可能是由于不同的诱导子对次生代谢合成途径的作用位点不同而引起的。这种诱导的选择性也值得关注，因为在不同的医药配方或制剂中需要不同的丹参酮作为其主要成分，这样就能有目的地提高所需丹参酮的含量。但是诱导子之间协同作用的具体生理机制以及相关的信号转导途径还很不明确。后续实验将进一步探索诱导子组合提高丹参毛状根生产丹参酮的具体原因，以做到有针对性地筛选诱导子和有选择性地进行诱导子组合，找到一条能获得大量而又经济的有效成分的途径。

GA 及其合成抑制剂对丹参毛状根中丹参酮类活性物质含量产生影响。分别将不同浓度的 GA 和多效唑加入到丹参毛状根的液体培养基中，培养 25 天后对毛状根中的隐丹参酮、丹参酮Ⅰ和丹参酮ⅡA 含量进行测定；结果 GA 可以促进丹参毛状根中丹参酮类活性物质的积累，而多效唑则抑制了它们的积累；推测多效唑是丹参毛状根中丹参酮ⅡA 等化合物的合成抑制剂，且 GA 可以作为一种有效的丹参酮类活性成分的诱导子(袁媛等，2008)。GA 是一个较大的萜类化合物家族，在植物整个生命循环过程中起着重要的调控作用。GA 是一种应用广泛、价格低廉的植物生长调节剂，且长期实践证明其是无害安全的。外源 GA 可以促进丹参酮类化合物含量的提高，其结果有助于发掘丹参毛状根应用的潜在价值。

黄柏青和刘曼西(2001)选用一种具有较广寄主范围的病原真菌——大丽轮枝菌的菌丝高温水解产物(基本成分为糖复合物)作为激发子，对丹参毛状根进行了不同时间和不同剂量的诱导，观察了丹参毛状根 POD、CAT 和 PPO 活性在诱导前后的变化，并与酵母提取物作了平行诱导比较，来探讨丹参次生代谢产物积累的有效诱导途径和诱导机制。发现丹参毛状根 POD、CAT 和 PPO 活性在诱导后均显著增加，并且三种酶的活性随诱导时间和诱导剂浓度的增加而改变，大丽轮枝菌激发子的作用强于酵母提取物，表现为诱导酶活性峰值较高和峰值时间提前。

茉莉酸(JA)及其衍生物[如茉莉酸甲酯(MJ)]被认为在植物次生代谢过程中起诱导信号转导作用。外源性茉莉酸类化合物能有效刺激植物次生代谢物的生物合成，可引起植物次生代谢产物的迅速积累，其作用具有广泛性，能诱导包括萜类、黄酮类、生物碱类等化合物的积累。在长春花的毛状根培养物中加入 JA，可使阿吗碱的量提高 80%。在培养基中加入 100μmol/L MJ 能明显提高紫杉醇的含量。有研究也发现 MJ 能显著提高紫杉醇和紫杉烷类化合物的产量。丹参脂溶性丹参酮类成分主要为二萜醌类化合物，具有与紫杉醇相似的二萜类化合物代谢通路。为探究 MJ 是否能有效提高丹参酮类成分的产量，王学勇等(2007)研究了 MJ 对丹参毛状根中丹参酮类成分积累和释放的影响。从试验结果可知，毛状根经 MJ 处理后 2 天、6 天、9 天隐丹参酮的含量分别达 0.039mg/g、0.204mg/g、0.572mg/g，分别是同时期未经 MJ 处理的 2.2 倍、8.5 倍、23.8 倍；丹参酮 IIA 的含量达 0.251mg/g、0.601mg/g、1.563mg/g，分别是同时间期未经 MJ 处理丹参毛状根的 1.9 倍、4.1 倍、6.2 倍。证明 MJ 能显著促进丹参毛状根中丹参酮类成分的积累并向培养基中释放。MJ 作为植物次生代谢过程中起诱导信号转导作用的物质，其作用与丹参次生代谢过程中的哪些环节有关，其作用原理是否与酵母提取物(YE)等诱导子作用相似，是否通过增强丹参酮类成分的非甲羟戊酸(none-MVA)代谢途径相关酶的活性从而促进丹参酮类成分的积累等，还有待于进一步研究。

比较酵母细胞壁和葡聚糖的水解产物对丹参毛状根的形态，以及根组织 POD、PAL 活性的影响时，进一步探讨了丹参毛状根次生代谢的调控机制。对啤酒酵母细胞壁应用碱处理方法制备 β-1,3-葡聚糖。利用全酵母细胞壁以及酵母葡聚糖的水解产物分别诱导悬浮培养的丹参毛状根，比较它们对丹参毛状根的形态，以及根组织 POD、PAL 的影响。结果表明，酵母葡聚糖比全酵母细胞壁水解产物更显著促进丹参毛状根组织的 POD 和 PAL 的总活性，酵母葡聚糖的诱导效应具有浓度依赖性和时效性。酵母葡聚糖显著促进丹参毛状根的生长和根端膨大。葡聚糖是有潜力的丹参生长和次生代谢调节剂。

王学勇等(2007)研究诱导子对丹参毛状根中丹参酮类成分积累的影响。用诱导子 YE 及 YE+Ag^+对悬浮培养丹参毛状根处理后，观察其对不同时期丹参酮类成分积累的影响及作用趋势，为进一步从分子水平研究诱导子对丹参酮次生代谢相关酶基因表达的影响及其作用机制奠定物质基础。丹参毛状根经诱导子处理之后，丹参酮类成分在短时间内迅速积累，其中隐丹参酮成分增长幅度最大，与同时期对照组比较，最大增幅为 38.5 倍；丹参酮ⅡA 最大增幅达 7.4 倍。YE 和 YE+Ag^+能迅速刺激丹参酮类成分的积累，其中 YE+Ag^+组作用更明显，说明 YE 和 Ag^+具有协同作用。另外，在实验中发现丹参酮含量提高最为明显，增幅高达 35.8 倍，其原因有待进一步研究和证实。

除了研究诱导子对丹参毛状根生长及代谢产物积累的影响外，许多学者也探究了诱导子对其他药用植物代谢产物的影响。考察诱导子对黄芩毛状根生长和黄芩苷生物合成的影响时，用非生物诱导子(Ca^{2+}、Mg^{2+}和 Co^{2+})，以及从黑曲霉(*Aspergillus niger*)、米曲霉(*A.oryzae*)、蜜环菌(*Armillaria mellea*)中提取的真菌诱导子，与黄芩毛状根共培养，结果发现各诱导子对黄芩毛状根生长和黄芩苷合成有不同的影响：黑曲霉诱导子和米曲霉诱导子质量浓度为 40mg/L 和 20mg/L、Co^{2+}浓度为 1.53×10^{-4}mmol/L 时，黄芩苷的量从 7.64%分别增至 9.18%、8.81%和 8.62%。证实黑曲霉诱导子、米曲霉诱导子和 Co^{2+}是适合黄芩毛状根代谢黄芩苷调控的诱导子(齐香君等，2009)。

杨世海等(2005)研究诱导子对决明毛状根生长和蒽醌类化合物合成的影响。发现黑曲霉诱导子对毛状根生长影响不大，但能明显促进蒽醌类化合物的形成，其中每 50mL 培养基加入 2.0mL 诱导子可使蒽醌类化合物总量增加 2 倍多。JA 对决明毛状根中蒽醌类化合物合成具有明显的促进作用，其中 10μmol/L 时作用最强，蒽醌类化合物总量比对照提高了 73%，JA 对毛状根生长有抑制作用，但不太显著。

另外，刘峻等(2001)在考察真菌诱导子对人参毛状根的生长和人参皂苷生物合成的影响时，发现真菌诱导子不但能影响人参毛状根总苷的合成量，也能使某些单体皂苷消失或增加。例如，培养液中黑曲霉多糖诱导子增加到 20mg/L 浓度时，使总皂苷含量增加到 3.649%，而单体皂苷中 Rg1 和 Re 未检出，Rg2 和 Rb1 的含量则有明显增加，并可促进人参毛状根的生长。真菌诱导子对人参毛状根某些皂苷的合成具有特异性，同时也影响人参毛状根的生物量。培养过程中通过外源性诱导子的添加，有利于人参毛状根次生代谢产物的定向积累。

第六章　竹节参毛状根培养的实验技术

由于 Ri 质粒转化的毛状根生长快、易于培养、有用成分高，具有表达完整的代谢通路，为药用植物次生代谢产物的工业化生产提供了广阔前景。同时，由于毛状根的生物转化作用可以产生许多新的化合物，为新药的筛选提供了大量的材料。毛状根易于分离且容易获得再生植株，这对于获得转基因药用植物或把外源基因转到可由根再生的植株具有重要意义。发根农杆菌 Ri 质粒作为基因工程新载体， 越来越显示出其可行性与方便性。随着此项技术的成熟与发展，将有越来越多的裸子植物、单子叶植物可以用于转化。此外，还可以利用转入目的基因产生具有抗逆性的毛状根，并再生出具有抗逆性的药用植株。此项技术的应用，对减少成本、提高产品质量、保护环境、丰富植物资源具有重要的现实意义。因此，建立毛状根生物转化实验技术体系是开展毛状根代谢调控研究的重要基础(孙敏和张来，2011)。

第一节　受体转化体系的构建

毛状根的诱导必须具有无菌的受体转化材料，而植物无菌材料的获得一般采用组织培养的方法。植物组织培养是在人工培养基上，离体培养植物的器官、组织、细胞和原生质体，并使其生长、增殖、分化以及再生植株的技术。植物的组织培养基于高等植物细胞具有的全能性。在高等植物细胞分化过程中，它们的遗传潜力并没有丧失，仍保持着潜在的全能性。已分化成熟的活细胞在一定营养因素的作用下，有可能恢复遗传全能性，类似合子的发育功能，有单细胞发育成为胚状体，继而形成完整的植株。利用这一原理进行植物的快速繁殖，现已广泛的应用于生产实践。植物组织培养具有培养条件可以人为控制、生长周期短、繁殖率高、管理方便、有利于工厂化生产和自动化控制等特点。

1.1　利用种子建立受体转化材料

1.1.1　材料与试剂

(1)材料：植物种子。
(2)试剂：GA_3，琼脂，蔗糖，HCl，NaOH，95%乙醇，次氯酸钠(或 $HgCl_2$)。
(3)仪器：蒸汽灭菌锅，超净工作台，乙醇灯，三角瓶，镊子，烧杯，pH 计。

1.1.2　试验过程

(1) MS 固体培养基的配制。在 500mL 的蓝盖瓶中，取 1 号母液 10mL，2 号母液 5mL，3 号母液 5mL，4 号母液 5mL，5 号母液 5mL，6 号母液 5mL。用 pH 计调节 pH 至 5.8 后在 121℃下灭菌 20min，在超净工作台以每瓶 20mL 进行分装。

(2) 消毒。①种子用纱布包好后以自来水洗净 1h；②双蒸水清洗 2～3 次，75%乙醇浸泡 30s～1min，无菌水重洗 2～3 次；③转入 5%～7%的次氯酸钠(或 1%$HgCl_2$)溶液浸泡 20min，用无菌水冲洗 3 次，每次 5min；④用无菌纸吸干多余的水分。

(3) 接种与培养。消毒的种子接种在 MS+GA_3 的培养基上，26℃进行光照培养，观察和记录。污染的种子立即去除，并定期更换 MS 培养基。

1.1.3　注意事项

(1) 接种室消毒。超净工作台面 70%乙醇擦拭，打开紫外灯照射 20min，进行无菌室及超净工作台杀菌。

(2) 材料的接种。操作人员接种前必须剪除指甲，并用肥皂水洗手，接种前用 70%乙醇拭擦，接种时最好戴口罩。接种时，必须在近火焰处打开培养容器的瓶口，并使瓶倾斜(瓶口低，瓶底高)，以免空气中的微生物落入瓶内。

(3) 无菌培养与观察。接种后期材料放入培养室或培养箱内培养，温度一般为(25±2)℃，光照 10～16h，光照强度 1000～2000lx，有的材料需要暗培养。定期观察，继代培养(或转接培养)。

1.1.4　常用的消毒剂

常用消毒剂的使用及效果见表 6-1。

表 6-1　常用消毒剂的使用及效果

消毒剂	使用浓度	消除难易	消毒时间/min	灭菌效果
次氯酸钠	2%	易	5～30	很好
次氯酸	9%～10%	易	5～30	很好
漂白粉	饱和溶液	易	5～30	很好
氯化汞	0.1%～1%	较难	2～10	最好
乙醇	70%～75%	易	0.2～2	好
过氧化氢	10%～12%	最易	5～15	好
溴水	1%～2%	易	2～10	很好
硝酸银	1%	较难	5～30	好
抗生素	4～50mol/L	中等	30～60	较好

1.2　利用外植体建立受体转化材料

1.2.1　试剂与仪器

(1)实验药品：MS 培养基母液，蔗糖，琼脂，NAA，6-BA，NaOH，HCl，95%乙醇，次氯酸钠。

(2)实验器材：蒸汽灭菌锅，超净工作台，乙醇灯，三角瓶，镊子，剪刀，烧杯，pH 计。

1.2.2　实验操作过程

(1)MS 培养基的配制。配制过程见表 6-2。

表 6-2　MS 母液及培养基的配制

编号	药品名称	配 500mL 用量	稀释倍数	培养基配制用量
1 号母液	NH_4NO_3	41.25g	50 倍	20mL/L
	KNO_3	47.5g		
	$MgSO_4 \cdot 7H_2O$	9.25g		
2 号母液	$CaCl_2 \cdot 2H_2O$	22g	100 倍	10mL/L
3 号母液	KH_2PO_4	8.5g	100 倍	10mL/L
4 号母液	$NaEDTA \cdot 2H_2O$	1.865g	100 倍	10mL/L
	$FeSO_4 \cdot 7H_2O$	1.39g		
5 号母液	KI	41.5mg	100 倍	10mL/L
	H_3BO_3	310mg		
	$MnSO_4 \cdot H_2O$(或 $MnSO_4 \cdot 4H_2O$)	845mg(或 1115mg		
	$ZnSO_4 \cdot 7H_2O$	430mg		
	$Na2MoO_4 \cdot 2H_2O$	12.5mg		
	$CuSO_4 \cdot 5H_2O$	1.25mg		
	$CoCl_2 \cdot 6H_2O$	1.25mg		
6 号母液	肌醇(单配)	5g	100 倍	10mL/L
	烟酸	25mg		
	盐酸吡哆醇(VB_6)	25mg		
	盐酸硫胺素(VB_1)	5mg		
	甘氨酸	100mg		

注：4 号母液两种药品分别在约 230mL 重蒸水中加热搅拌，待其完全溶解后混合两种溶液，再加热 30min 左右，使 Fe 与 EDTA 稳定螯合，调 pH 到 5.5，加重蒸水定容至 500mL，盛于棕色瓶中，放置于 4℃冰箱备用

(2)外植体的消毒。选取无病、无虫、生长健康的外植体用水洗净，用 70%乙醇浸泡 15～30s，然后放入 5%～7%的次氯酸钠溶液浸泡 20min，进行材料脱毒，然后用无菌水冲洗多次。

(3)接种。将消毒好的材料在超净工作台上用无菌镊子接种于已灭菌的培养基中，28℃进行光照培养，观察和记录。污染的材料立即去除。培养10～15天后进行愈伤组织诱导。

(4)愈伤组织诱导。愈伤组织以MS+1mg/L 2,4-D或MS+4mg/L NAA进行诱导(图6-1)。

(5)芽的诱导。愈伤组织接种在MS+2mg/L 6-BA的培养基上诱导芽伸长。把伸长的芽切段接种到 MS+1mg/L 6-BA+0.5mg/L KT(kinetin，细胞分裂素激动素)+2mg/L IAA的培养基上培养，获得丛生芽。

(6)根的诱导。取约2cm长的芽，浸入100mg/L IBA液体培养基中15～30min，接种在1/2MS(蔗糖20g/L)的培养基中，培养20天获得生根试管苗。生根苗移出砂培2～3周可移入土壤中生长。

图6-1　外植体无菌苗繁殖过程(彩图请扫封底二维码)

1.2.3　注意事项

(1)所使用的器材要严格灭菌，注意无菌操作，避免因染菌导致实验失败。

(2)配制储存母液时，要算好各种成分逐次加入，等第一种成分完全溶解后再加入第二种成分，切忌“一锅煮”。有机物质配好以后要装入棕色瓶放入电冰箱内保存，其他三种母液可在常温下保存但最多不能超过1个月。

(3)pH对培养基的硬度有影响，pH过高培养基变硬，pH过低培养基不能凝固，所以要调整好培养基的pH。

(4)材料脱毒时不要在乙醇中停留过长时间，以免材料被杀死。

(5)接种后进行培养时，为确保实验成功，可以首先进行7～10天的暗培养，然后再进行光照培养。

第二节　毛状根的诱导与培养

2.1　实验原理

Ri质粒是位于发根农杆菌染色体之外的独立的双链环状的DNA，一般在

180～250bp，分为 Vir 区和 T-DNA 区。发根农杆菌侵染植物的过程就是将 Ri 质粒中含有的 T-DNA 转移到植物宿主细胞基因组中，从而引起植物形态和代谢改变的过程。发根农杆菌诱导植物所产生的毛状根具有生长迅速、激素自养、生长条件简单、次生代谢产物含量高且稳定，以及分化程度高、不易变异等特点，此外尚可以从毛状根培养物中寻找新的药用化合物。

2.2 实验操作过程

2.2.1 菌种来源与保存

(1) 菌种来源。农杆菌 C58Cl（由廖志华教授提供），C58C1 本来是根癌农杆菌，经“Disarmed”*改造后，保留 Helper 质粒，导入 pRiA4 质粒，改造后的 C58C1 失去使植物长冠瘿组织的能力，成为发根农杆菌。

(2) 保存。农杆菌 C58C1 用 YEB 液体培养基+利福平（Rif，40mg/L）保存，培养菌液与灭菌甘油以 7∶3（*V/V*）混合均匀后液氮速冻，–70℃下保存。

2.2.2 菌种活化与培养

(1) 从–70℃超低温冰箱中取保存的菌株 C58C1 200μL，加入 25mL YEB（附加 Rif，40mg/L）液体培养基中，200r/min、27℃快速振荡培养 24h，复苏菌体。

(2) 在 50mL YEB（附加 Rif，40mg/L）液体培养基中加入 300μL 上述复苏菌液，200r/min 振荡培养至 OD_{600}=0.3 左右，加入乙酰丁香酮（AS）（100μmol/L），相同条件下继续振荡培养至 OD_{600}=0.5 左右。

(3) 将 OD_{600}=0.5 的菌液分装于 10mL 离心管内，室温下 4000r/min 离心 10min，弃上清液，菌体用等体积 MS 液体培养基+100μmol/L AS 悬浮培养，继续活化 30min 左右作为浸染液可用于转化。

2.2.3 毛状根诱导与培养

(1) 在无菌操作台上，取竹节参无菌苗幼嫩真叶、子叶及胚轴用无菌针扎一些伤口，并放入已活化好的菌液中，浸泡 5～25min，吸干多余菌液。

(2) 将浸染后的外植体接种在 MS+100μmol/L AS 的固体培养基上，置于温度为（25±1.0）℃的恒温培养箱共培养 1～5 天。

(3) 共培养结束后，在无菌吸水纸上吸干外植体上多余水分，接种到 MS+头孢噻唑钠（Cef）500mg/L 的除菌固体培养基上，于 25℃的恒温培养箱中暗培养。

(4) 外植体每隔 10 天转入新鲜的同样的培养基中，直到毛状根长出。

---

* Disarmed:解甲，去除对转基因有不良影响的生长素、细胞分裂素合成基因等。Ri 质粒只有被解甲后才能用于人工转基因试验。

(5)毛状根长约5cm时剪下，接种到1/2MS+Cef 500mg/L的固体培养基上，每隔15～20天继代培养1次，如此重复5～6次。

(6)挑取生长迅速、分支多的毛状根在1/2MS+Cef 500mg/L的固体培养基上继代培养5次。

(7)将部分毛状根在YEB琼脂培养基上培养7天，检测培养基中的农杆菌，以确定在植物组织中没有农杆菌。

(8)将除菌彻底的毛状根分为三部分，分别转入1/2MS、1/2MS+IBA 0.2mg/L的固体培养基和装有80mL的1/2MS液体培养基的摇瓶中(110r/min)，(25±1.0)℃的恒温培养箱和摇床暗培养。

2.3 YEB培养基的配制

2.3.1 YEB琼脂固体培养基的成分与配制

(1) Beef extract(牛肉浸膏)：5g/L；
(2) Yeast extract(酵母膏)：1g/L；
(3) Peptone(蛋白胨)：5g/L；
(4) Sucrose(蔗糖)：5g/L；
(5) $MgSO_4$储备液：5mL/L(或$MgSO_4 \cdot 7H_2O$：4.9296g/50mL)；
(6) Agar(琼脂)：12～15g/L；
(7) pH =7.4。

2.3.2 YEB液体培养基的成分与配制

(1) Beef extract(牛肉浸膏)：5g/L；
(2) Yeast extract(酵母膏)：1g/L；
(3) Peptone(蛋白胨)：5g/L；
(4) Sucrose(蔗糖)：5g/L；
(5) $MgSO_4$储备液：5mL/L(或$MgSO_4 \cdot 7H_2O$：4.9296g/50mL)；
(6) pH =7.4。

第三节　毛状根DNA的提取及PCR检测

3.1 毛状根的DNA提取

3.1.1 实验原理

植物毛状根DNA的提取方法主要有十二烷基硫酸钠(SDS)法和十六烷基三

乙基溴化铵(CTAB)法。

SDS 法：高浓度的 SDS 在较高温度下(55～65℃)裂解细胞，破坏蛋白质与 DNA 的结合，使 DNA 释放出来，通过酚和氯仿抽提去除蛋白质、脂质、多糖等，通过 RNase A 消化去除 RNA，最后用乙醇沉淀 DNA。该法操作简便，能满足大多数试验需要。

CTAB 法：CTAB 是一种去污剂，可溶解细胞膜并能与核酸形成复合物，该复合物在高盐浓度(0.7mol/L NaCl)中是可溶的，通过离心就可将复合物同变性的蛋白质、多酚、多糖杂质(沉淀项)去除，水相中含有核酸与 CTAB 的复合物及其他可溶性的杂质，直接向水相中加入预冷的异丙醇则导致核酸沉淀，CTAB 和其他多数杂质留于异丙醇与水的混合相中，分离 DNA 沉淀并经 75%乙醇漂洗后溶于 TE(或纯水)得到 DNA 的粗提物。

3.1.2 实验准备

SDS 提取液：

100mmol/L	Tris-HCl(pH 8.0)
2.5%(*V*/*V*)	β-巯基乙醇
500mmol/L	NaCl
20mmol/L	EDTA
1.5%	SDS

CTAB 抽提液：

2%(*m*/*V*)CTAB

100mmol/L Tris-HCl(pH8.0)

20mmol/L EDTA(pH8.0)

1.4mol/L NaCl

注：抽提含多酚较多的植物材料时，上述抽提液中可另加入 2%的聚乙烯吡咯烷酮(PVP)；抽提液于室温保存，可在几年内保持稳定。临用之前向装有上述抽提液的试管中加入 2%～3%(*V*/*V*)的 β-巯基乙醇。

乙酸钠：

3mol/L NaAc

用冰醋酸调 pH 至 4.8～5.2。

TE 溶液：

100mmol/L Tris-HCl

1.00mmol/L EDTA

调 pH 至 8.0。

为防止 DNA 酶的降解作用，提取使用的各种器具及溶液均应经过高压灭菌。

3.1.3　操作步骤

1)SDS 法

(1)一小块新鲜叶片，1.5mL 离心管中加 600μL 抽提缓冲液。

(2)研磨后，60℃水浴 30min，经常颠倒混匀。

(3)加 350μL 饱和酚[Tris-HCl (pH 8.0)饱和，吸取下层]、350μL 氯仿：异戊醇(24：1)，轻轻混匀，4℃静置 5min 至分层。注：所用的酚是经 Tris-HCl (pH 8.0)饱和过的，使用时吸取下层。

(4)12 000r/min 室温离心 10min。

(5)吸上清(约 450μL)，加 450μL 的冰乙醇(–20℃储存)，一定要充分混匀，室温静置至 DNA 析出。**注：吸上清时一定不要打破下面的沉淀层，如果操作不够熟练，宁可少吸也要保证吸取到的上清的纯度。**

(6)12 000r/min 室温离心 10min。

(7)用 75%乙醇洗 2 次，稍离心，吸净残余乙醇，室温放置 10min，使乙醇挥发完全。注：第一次冲洗时可不将 DNA 沉淀打起，只是冲洗沉淀表面及管壁；第二次冲洗时要用枪头将 DNA 沉淀打起，但注意不要将打起的 DNA 沉淀和乙醇一起倒掉或吸出丢弃。

(8)加 1μL RNase、50μL TE(pH 8.0)，混匀，轻离心后置 37℃水浴 30～40min，轻离心。

(9)吸取上清(约 35μL)到新离心管中，–20℃保存，用于 PCR 或其他分子实验。

2)CTAB 法

(1)向 10mL 离心管中预先加入 5mL CTAB 抽提液及相应量的 β-巯基乙醇，65℃预热。注：β-巯基乙醇可以打断多酚氧化酶的二硫键，保护酚类物质不被氧化，从而保护核酸不被降解。EDTA 可以螯合二价离子，而后者是 DNA 酶活性所必需的，从而抑制 DNA 酶的活性。

(2)取约 1g 植物材料用液氮磨成粉末，迅速用药匙转入该 10mL 离心管中，迅速混匀。

(3)于 65℃水浴 45min，中途间隔(轻柔)振荡 3 次混匀。

(4)冷至室温后加入等体积(5mL)氯仿：异戊醇(24：1)，轻柔颠倒混匀使乳化 10min。

(5)10 000r/min 离心 10min(18～20℃)。

(6)吸取上清(4～5mL)于另一干净的 10mL 离心管中。注：根据需要可用氯仿：异戊醇如上法重复抽提一次，吸取上清时一定不要打破沉淀层。

(7)吸取上清，加入等体积(4～5mL)且已于–20℃预冷的异丙醇，颠倒混匀，室温放置 15min 至白色絮状沉淀出现。注：若没有沉淀出现，则加入上清 1/10～

1/5 体积的 pH4.8～5.2 的 3mol/L NaAc，混匀，于–20℃冰箱中沉淀 30min。

(8)用玻璃钩子挑出 DNA，或用被剪去尖端的 1.5mL 吸头吸住 DNA 沉淀团，放入盛有 1mL75%乙醇的 1.5mL 离心管中。注：若无法直接挑取，用离心法沉淀 DNA。

(9)用 75%乙醇漂洗 DNA 沉淀，用吸头吸干乙醇。

(10)用 1mL 75%乙醇再漂洗一次。

(11)用无水乙醇再漂洗一次。

(12)沉淀于室温或 60℃以下的恒温箱中干燥片刻至刚出现半透明。

(13)用 500μL TE 溶解沉淀，可用 65℃水浴助溶，得 DNA 粗提物，可用于 PCR 等。

3.1.4 实验结果分析

抽提到的植物总 DNA 在凝胶电泳检测时应呈现涂抹片状(smear 状)，这是因为植物总 DNA 在抽提过程中降解成长短不一的均匀分布的片段所致。纯的 DNA 溶液其 OD_{260}/OD_{280}应为 1.8，如果大于 1.9，表明有 RNA 污染，小于 1.6 表明有蛋白质或酚污染。OD_{260}/OD_{230}应大于 2.0，如小于 2.0，表明溶液中有残存的盐及小分子杂质(如核苷酸、氨基酸、酚等)。

DNA 的浓度可以利用紫外分光光度法进行测定，对于双链 DNA，OD_{260}=1.0 时溶液浓度为 50μg/mL。DNA 样品浓度(μg/μL)等于 OD_{260}×N(样品稀释倍数)×50/1000。一般稀释 100～1000 倍。

3.1.5 注意事项

研磨使用的器皿(包括药匙)要在液氮中预冷，研钵只能使用陶瓷的，而不能使用玻璃的。要保证研磨的全过程均在冷冻状态下进行，不允许材料在加入提取缓冲液之前融化。

为最大限度地避免 DNA 降解，提取过程中各种操作均应温和地进行，避免剧烈振荡，不可用反复吸打的方法助溶 DNA 沉淀。

3.2 植物转化毛状根的 PCR 检测

3.2.1 PCR 技术的基本原理

PCR 扩增 DNA 的原理是：先将含有所需扩增分析序列的靶 DNA 双链经热变性处理解开为两个寡聚核苷酸单链，然后加入一对根据已知 DNA 序列由人工合成的与所扩增的 DNA 两端邻近序列互补的寡聚核苷酸片段作为引物，即左右引物。此引物范围包括所欲扩增的 DNA 片段，一般需 20～30 个碱基对，过少则难保持与 DNA 单链的结合。引物与互补 DNA 结合后，以靶 DNA 单链为模板，经反链杂交复性(退火)，在 *Taq* DNA 聚合酶的作用下以 4 种三磷酸脱氧核苷(dNTP)为原料按 5′到 3′方向将引物延伸、自动合成新的 DNA 链、使 DNA 重新复制成双链。然后又开始第二次循环扩增。引物在反应中不仅起引导作用，而且起着特异性的限制扩增 DNA 片段范围大小的作用。新合成的 DNA 链含有引物的互补序列，并可作为下一轮聚合反应的模板。如此重复上述 DNA 模板加热变性双链解开—引物退火复性—在 DNA 聚合酶作用下的引物延伸的循环过程，使每次循环延伸的模板又增加 1 倍，亦即扩增 DNA 产物增加 1 倍，经反复循环，使靶 DNA 片段呈指数性扩增。

3.2.2　实验过程

(1) 材料与仪器。DNA 模板，PCR 扩增仪，离心机，微量加样器(100μL、10μL、2.5μL)，电泳仪。

(2) 试剂。ddH_2O，*Taq* DNA 聚合酶，10×PCR 缓冲液，25mmol/L $MgCl_2$，0.225mmol/L dNTP，模板 DNA 分子(0.1～2μg/μL)。

(3) 引物(10mol /L)。一般用 *rolB* 或 *rolC* 作为引物。

rolB(423bp)的引物为：

F *rolB*(5′—GCT CTT GCA GTG CTA GAT TT—3′)，

R *rolB*(5′—GAA GGT GCA AGC TAC CTC TC—3′)；

rolC(626bp)的引物为：

F *rolC*(5′—TAA CAT GGC TGA AGA CGA CC—3′)；

R *rolC*(5′—AAA CTT GCA CTC GCC ATG CC—3′)。

(4) 反应体系(50L)见表 6-3。

表 6-3　反应体系

序号	试剂	用量/μL
1	双蒸水	37.5
2	10×PCR buffer(10×PCR 缓冲液)	5
3	25mmol/L $MgCl_2$	3
4	10mmol/L dNTP mix(10mmol/L dNTP 混合液)	1
5	引物 1(10μmol/L)	1
6	引物 2(10μmol/L)	1
7	模板(cDNA)	1
8	*Taq* DNA 聚合酶(2～5units/μL)	0.5

注：如果只是普通的检测，而无须回收时，则 25μL 的反应体系即可(上述体系中的各成分相应减半)

(5)扩增过程。

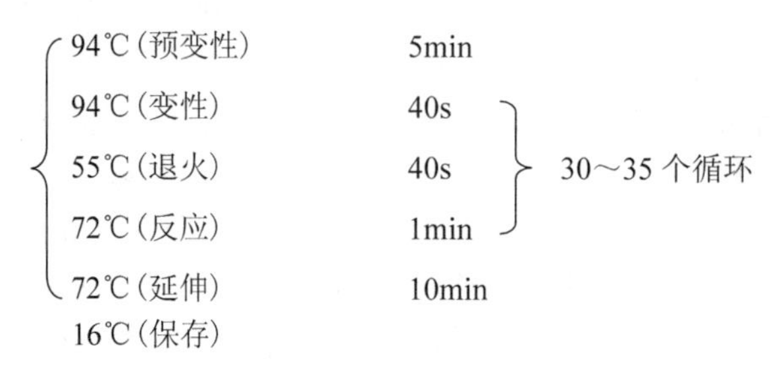

(6)检测。反应完成后，将 PCR 产物用 1%琼脂糖凝胶电泳进行检测，并拍照记录试验结果(图 6-2)。

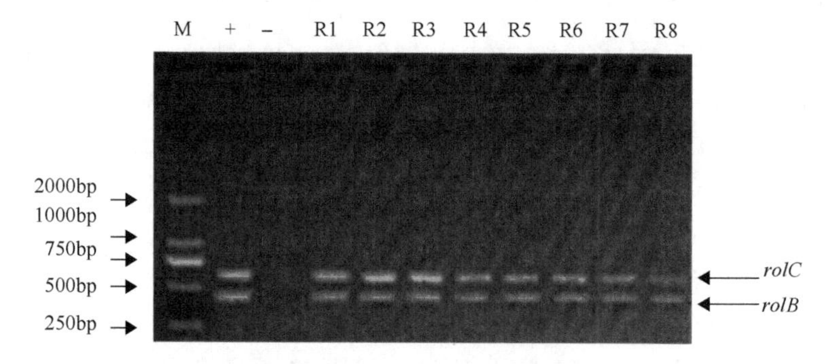

图 6-2 毛状根 PCR 检测结果

M 表示核酸分子质量标准 DL2000；+表示作为阳性对照的 C58C1 菌株质粒；−表示作为阴性对照的黏毛黄芩无菌苗；R1～R5 表示不同的毛状根单克隆

第四节 药用植物毛状根中次生代谢产物的测定

4.1 植物毛状根中特征成分的总物质含量测定

4.1.1 实验原理

光线是高速运动的光子流，也是具有波长和频率特征的电磁波。光子的能量与频率成正比，与波长成反比。肉眼可见的光线称为可见光，其电磁波波谱为 400～760nm，不同波长的可见光具有不同的颜色。波长大于 760nm 的光线称为红外线，波长小于 400nm 的光线称为紫外线。

根据物质对光的吸收特征和吸收强度，对物质进行定性和定量的分析方法，称为分光光度法。该法具有一定的灵敏度和准确度，分析手续较简便快速，仪器设备也不复杂，故应用很广。分光光度法常被用来测定溶液浓度，其理论依据是朗伯-比尔(Lambert-Beer)定律。

当一束单色光通过溶液时，由于溶液吸收了一部分光能，光的强度就会减弱。设强度为 I_0 的入射光，透过浓度为 C、液层厚度为 L 的溶液后，透射光强度 I 必定小于入射光强度 I_0，随着透过浓度和液层厚度的增加，光被吸收的程度也增加，透射光的强度则减小。透射光强度与入射光强度的比值，称为透光度(transmittance)，以 T 表示。实验证明，当液层厚度 L 和透过浓度 C 按算术级数增加时，透光度 T 按几何级数减小；k 为比例常数，称为吸光系数，是指在一定波长下，透过浓度为 1mol/L，液层厚度为 1cm 的吸光度，其表示物质对光线吸收的本领，根据物质种类和光线波长而不同。透光度 T 的数学式可表示为

$$T=I / I_0=10^{-kCL}$$

如两端各取负对数，得

$$-\lg T= -\lg I / I_0= \lg I_0 / I = \lg 1/T = kCL$$

$-\lg T$ 代表吸光的程度，称为吸光度 A(absorbance)，又称为消光度 E(extinction)或光密度 D(optical density)，即 $A=E=D=kCL$。

当 k、C 一定时，吸光度 A 与液层厚度 L 成正比，称为朗伯定律(Lambert's law)。

当 k、L 一定时，吸光度 A 与透过浓度 C 成正比，称为比尔定律(Beer's law)。

吸光度与液层厚度和透过浓度的乘积成正比，称为朗伯-比尔定律，简称比尔定律，即光的吸收定律。其数学表达式为：$A=kCL$。

4.1.2　仪器与试剂

(1)仪器。分光光度计；电炉；铝锅；20mL 刻度试管；刻度吸管 5mL 1 支，1mL 2 支；记号笔；吸水纸适量。

(2)试剂及配制。根据具体测定物质而定。

4.1.3　实验过程

(1)制作标准曲线。以标准液终浓度为横坐标，相应的吸光度值为纵坐标，利用 Excel 制作标准曲线。

(2)毛状根中被测物质的提取。

(3)测定。吸取样品液于试管中(重复 3 次)，加蒸馏水进行稀释，同制作标准曲线的步骤，按顺序分别加入显色溶液，显色并测定光密度。由标准线性方程求出样品的量，按下式计算测试样品中样品含量：

$$样品含量(mg/g)=\frac{C\times\frac{V}{a}\times n}{W\times 10^3}$$

式中，C 为标准方程求得样品量(μg)；a 为吸取样品液体积(mL)；V 为提取液量(mL)；n 为稀释倍数；W 为材料(样品)重量(g)。

4.2 植物毛状根中单体成分的 HPLC 测定

4.2.1 实验原理

高效液相色谱分离是利用试样中各组分在色谱柱中的淋洗液和固定相间的分配系数不同，当试样随着流动相进入色谱柱中后，组分就在其中的两相间进行反复多次(10^3～10^6)的分配(吸附一脱附一放出)，由于固定相对各种组分的吸附能力不同(保存作用不同)，各组分在色谱柱中的运行速度就不同，经过一定的柱长后，便彼此分离，顺序离开色谱柱进入检测器，产生的离子流信号经放大后，在记录器上描绘出各组分的色谱峰。

4.2.2 仪器与试剂

高效液相色谱仪、色谱柱、容量瓶、分析实验室常用玻璃仪器、流动相色谱纯试剂、超纯水、滤膜、标准品。

4.2.3 实验过程

1)配制标准溶液与工作样液

(1)标准溶液的配制。准确称取一定量的标准品，用流动相溶解，定容，配制成标准溶液。

(2)样品溶液的配制。准确称取一定量的样品，用流动相稀释、定容，配制成样品。

2)色谱条件

色谱柱，流动相，检测波长，流速，柱温。

3)方法学考察

(1)建立回归方程。配制 6 个不同浓度标准品溶液，分别进样分析，以浓度为纵坐标，峰面积为横坐标作图，检测方法的线性范围和相关性，建立标准曲线和回归方程。

(2)精密度考察。在要求的色谱条件下，对同一样品分别称取 4 个样进行定量分析，计算含量、变异系数及标准偏差(RSD)。

(3) 加样回收率考察。采用标准添加法，在已知含量的样品中滴加一定量标准溶液，在要求的色谱条件下进行测定，检测方法对样品的检测回收率。

(4) 稳定性考察。取样品供试液，分别在 0h、6h、12h、18h、24h 进样，记录特征峰保留时间、峰面积及百分含量，计算相对标准偏差(RSD)。

(5) 重现性考察。取样品量较多的样品 5 份，按(方法)处理，记录特征峰保留时间、峰面积及百分含量。计算峰面积及百分含量对标准偏差(RSD)。

第五节　毛状根离体培养及植株再生

5.1　实验原理与目的

为了获得毛状根的转化植株，可以利用细胞的全能性原理对毛状根进行诱导，以培育出次生代谢产物含量高的品种。一般是在 MS 培养基中使用不同的激素配比来进行诱导和培养，其程序为愈伤组织诱导、不定芽诱导、不定芽的抗性筛选、生根诱导和培养。

5.2　材料与试剂

(1) 材料。经分子检测的优良毛状根单克隆。

(2) 试剂。MS 培养基(蔗糖 30g/L，琼脂粉 7g/L，pH5.8，121℃下高压灭菌 20min)，植物生长调节剂有 NAA、6-BA、KT、2,4-D 等。

5.3　实验方法

5.3.1　毛状根不定芽的诱导

1)“一步法”诱导不定芽

选择通过分子检测的在无激素 MS 固体培养基上生长的优良毛状根，将其转入附加不同浓度生长素和细胞分裂素的 MS 培养基中诱导不定芽，30 天后统计芽诱导率(芽诱导率=出芽外植体数/接种外植体数)。

2)“两步法”诱导不定芽

(1) 毛状根愈伤组织诱导。将在无激素的 MS 固体培养基上暗培养的优良单克隆毛状根切成 2～3cm 小段，转入附加不同生长素和细胞分裂素浓度配比的 MS 固体培养基上(30g/L 蔗糖，pH5.8)诱导愈伤组织，4 周后统计愈伤组织诱导率(愈伤组织诱导率=出愈外植体数/接种外植体数)。

(2) 不定芽分化。从诱导出的毛状根愈伤组织中选取生长良好、无褐化的部分毛状根愈伤组织转入附加不同生长素和细胞分裂素配比的芽分化培养基中培养，5 周后统计芽分化率(芽分化率=出芽数/接种愈伤组织数)。

3）不定芽抗性筛选及生根培养

芽形成后（约 2cm）转至 MS+100mg/L Km 选择培养基上生长，14 天后将绿色芽转入 1/2MS+0.1mg/L IBA 固体培养基中诱导根的产生，每周观察生长情况，35 天后统计生根率。

4）再生植株的 PCR 检测

SDS 法抽提再生植株叶片的基因组 DNA，PCR 检测 *rolB*、*rolC*，方法与毛状根的分子检测相同。

5.3.2 再生植株的移栽

待再生植株长至 5cm 左右时，揭开封口膜，于室温下炼苗 7 天，再用镊子取出，用自来水轻轻洗净残留在根部的培养基，再移栽到土壤中盆栽。盆栽初期仍然在室温下，并用塑料薄膜罩住幼苗，在薄膜上开 5 个小孔。培养 15 天后，揭去塑料薄膜，1 个月后观察再生植株移栽成活情况。

第六节 毛状根 *rol* 序列基因的克隆

6.1 植物毛状根 RNA 的提取

6.1.1 实验目的与原理

TRIzol 法提取植物总 RNA，可用于 Northern blotting（RNA 印记法）、mRNA 分离、cDNA 的反转录及 RT-PCR 等。

RNA 的质量是本实验研究中最基本，也是最为关键的步骤之一。为了获得完整、丰富的全长 cDNA，关键是获得完整的、未被降解和最大量的 RNA。RNA 的质量决定着可被反转录为 cDNA 最大的序列信息。因此，获得最优质的 RNA 及避免引入 RNA 酶和反转录酶抑制剂（如 SDS、EDTA）是十分重要的。

从植物毛状根中提取 RNA 与提取 DNA 的方法大致相同，但是，RNase 不易失活，在常规的高压灭菌中无法使其失去活力，且空气中、人的手上及唾液中都含有丰富的 RNase，所以在分离 RNA 时应该采取有效的措施，抑制和避免 RNase 的污染。所有试剂应该用 0.1%焦碳酸二乙酯（DEPC）处理或用 0.1%DEPC 处理过的水配制，37℃过夜，高压灭菌 20min。

本实验采用 TRIzol 试剂法，此方法是异硫氰酸胍法的改进，可从 10^3 个细胞或毫克级的组织中有效提取 RNA，如果操作得当，获得的 RNA 会比较完整而未降解，且不被蛋白质和 DNA 污染。

6.1.2　准备工作

实验所用的研臼、杵、小药勺、试剂瓶、量筒、剪刀等与实验材料有接触的器皿都要在 0.1% DEPC 水中浸泡 24h，用锡纸包裹于 180℃（烘箱）高温灭菌 2h 或 160℃高温灭菌 4h 后备用；塑料制品如进口吸头、离心管（1.5mL、0.5mL）高压灭菌，烘干后备用（放置时间不宜超过 1 周）。

无酶无菌水（RNase-free water）的制备：在蒸馏水中加入 0.1%体积的 DEPC 原液（如 1000mL 蒸馏水中加 1mL DEPC 原液），用塑料膜封口后，充分混匀，静置过夜，高压灭菌。（注意：DEPC 有强诱癌作用，操作时须谨慎，加了 DEPC 的水放通风橱中，避免吸入气体）。

6.1.3　实验操作步骤

（1）称取 0.5g 植物毛状根，用液氮速冻后迅速研磨成细粉，分装于两个 1.5mL 的离心管中。**注意：动作尽量迅速，避免 RNA 降解。**

（2）加入 1mL TRIzol，用力摇动使混合均匀，室温下放置 5min（混合液呈棕红色，可分成三大层：上层水相中含有 RNA，中层含蛋白质，下层有机相为材料残渣及 DNA 等）。**注意：样品的量不要超过 TRIzol 体积的 10%，过多反而会降低 RNA 的得率。**

（3）（此步可根据实际情况选做）当样品中蛋白质、脂肪及多糖含量较高时离心（4℃，2000*g*，10min），小心将上清液吸入 1.5mL 的离心管中。**注意：RNA 抽提过程中的所有离心操作皆在 4℃的冷冻离心机上进行，下同。**

（4）每个离心管中加 0.2mL 氯仿，用力振荡 15s，室温放置 2～3min，离心（4℃，12 000*g*，15min）。

（5）将上清（约 600μL）吸入 1.5mL 的新离心管中，加等体积异丙醇，颠倒混匀（动作要缓和），–20℃冰箱中放置 30min（过夜则沉淀更加充分）。

（6）离心（4℃，12 000*g*，15min）。

（7）弃上清，收集 RNA 沉淀，加 1mL 75%乙醇洗涤沉淀 1～2 次（离心 4℃，12 000*g*，10～15min，弃上清，收集 RNA 沉淀）。**注意：75%乙醇为无水乙醇和 DEPC 处理过的蒸馏水所配制。**

（8）沉淀于室温下干燥 15～20min。**注意：不应该完全干燥失水，否则 RNA 沉淀很难溶解。**

（9）溶于适量（30～50μL）无酶无菌水中。

（10）（**此步可根据实际情况选做**）若该种植物含有较多多糖，则需在 60℃水浴中温浴 5min，离心（4℃，12 000*g*，10min）吸取上清备用，此即为所需的 RNA 液。

（11）储存在–70℃的超低温冰箱中备用。

6.1.4 注意事项

由于 RNA 极易被 RNase 降解，加上 RNase 非常稳定而且广泛存在(如玻璃制品、塑料制品、电泳槽及手和唾液等)，因此在提取过程中要严格防止 RNase 的污染，并设法抑制其活性。本实验中主要采取下列措施：

(1) 所有玻璃器皿使用前均须在 180℃的烘箱中烘烤 3h 以上，塑料器皿可用 0.1% DEPC 水浸泡或用氯仿洗涤；

(2) RNA 电泳槽，须先用去污剂洗涤后，用水冲洗，乙醇干燥，再浸泡于 3% H_2O_2 溶液中，室温下放置 10min，然后用 0.1% DEPC 水彻底冲洗，晾干备用；

(3) 应专门准备一套 RNA 实验所用的设备，如移液枪、枪头盒和电泳槽等可贴上 RNA 专用的标志；

(4) 实验过程中勤换一次性手套；

(5) 为避免 RNase 的污染，提取 RNA 的所有试剂和用具物品必须是专用的，必须小心操作，保证试剂药品如 TRIzol、氯仿和异丙醇等不被污染；

(6) 提取前可先用无水乙醇或氯仿对通风橱中的操作桌面进行清理，再将待用的物品如移液枪、枪头盒及离心管架等放置好；

(7) 在 RNA 的提取过程忌讲话，忌人员走来走去；

(8) DEPC 和甲醛等剧毒物品，应小心按有关的实验规定进行操作和处理。

6.2 植物毛状根 *rol* 序列基因的克隆

6.2.1 实验原理

目的基因的克隆一般有三种方法。第一种是目的基因已知，一般可采用 PCR 技术和探针分子杂交技术进行分离克隆目的基因。第二种是已有基因图位或标记、转座子等条件，分别可以采用转座子标签法、T-DNA 标签法及图位克隆技术进行分离克隆目的基因。第三种是未知目的基因序列，其中差异表达序列可采用随即引物多态扩增技术、定向引物扩展技术等进行克隆；无差异表达的目的基因可采用文库筛选法、功能组蛋白分离法及直接测序法进行克隆。

在一般情况下，采用最多的是第一种方法，利用 DNA 的全部和部分序列，已知其他物种的同类基因的 DNA 序列，或者已知目的基因的 cDNA 部分或全部序列进行目的基因的分离克隆。本实验采用第一种方法。

6.2.2 实验过程

1) 总 RNA 合成第一链 cDNA

用 TaKaRa RNA PCR Kit (AMV) Ver.3.0 试剂盒进行反转录。

(1)使用前先将试剂盒中待用的每种成分混匀并快速离心，按下列组成配制反转录反应液。

RNase free dH_2O(无核糖核酸酶处理水)	3.75μL
$MgCl_2$	2μL
10×RT buffer(10×RT 缓冲液)	1μL
dNTP mixture(dNTP 混合液)	1μL
RNase inhibitor(核糖核酸酶抑制剂)	0.25μL
Oligo dT-adaptor primer(Oligo dT-Adaptor 引物)	0.5μL
AMV reverse transcriptase(AMV 反转录酶)	0.5μL
样品 RNA	1μL
总体积	10μL/每管

(2)按下列条件进行反转录反应。

温度	时间	
45℃	30min	1 个循环
99℃	5min	
5℃	5min	

反应产物可储存在–20℃备用。

2)*rol* 序列基因核心片段的获得

在 200μL 离心管中加入以下物质：

cDNA	1μL
10×EX Taqase PCR buffer(10×EX Taqase PCR 缓冲液)	5μL
25mmol/L $MgCl_2$	3μL
10mmol/ dNTP(脱氧核糖核苷三磷酸)	1μL
10μmol/L 正向引物	1μL
10μmol/L 反向引物	1μL
Taq DNA 聚合酶(TaKaRa EX Taq)	0.5μL(2.5U)
ddH_2O(去离子水)	37.5μL
总体积	50μL/每管

枪头轻微混匀后短暂离心，放入 PCR 仪进行反应。反应条件如下，PCR 产物

经琼脂糖/1×TAE 凝胶电泳和紫外检测后，回收目的 DNA 条带。

94℃	3min	20 个循环	94℃	45s	25 个循环
94℃	45s		55℃	30s	
60℃	30s		72℃	1min	
72℃	1min		72℃	10min	

3) *rol* 序列基因的 3′端片段的获得

以获得 *rol* 序列基因核心片段为序列，设计用于扩增 *rol* 序列基因 3′端片段的巢式 RACE 引物。

采用 TaKaRa 3′-Full RACE Core Set 进行 3′RACE，(一扩) 反应体系如下：

第一链 cDNA	1μL
10×PCR buffer (10×PCR 缓冲液)	2.5μL
$MgCl_2$ (25mmol/L)	1.5μL
ddH_2O (去离子水)	18.75μL
TaKaRa EX Taq^{TM}	0.25μL
引物 3′-1 (20μmol/L)	0.5μL
3Sites-adaptor primer (20μmol/L)	0.5μL
总体积	25μL/每管

枪头轻微混匀后短暂离心，放入 PCR 仪进行反应。反应条件如下：94℃预变性 3min→30×(94℃变性 30s→52℃退火 30s→72℃延伸 1min)→72℃继续延伸 10min。取 10μL PCR 产物经琼脂糖/1×TAE 凝胶电泳和紫外检测后，其余用 Tricine-EDTA buffer (Tricine-EDTA 缓冲液) 稀释 50 倍后用作二扩模板，进行巢式扩增(二扩)，反应体系如下：

一扩 PCR 产物稀释 50 倍液	1μL
10×PCR buffer (10×PCR 缓冲液)	5μL
$MgCl_2$ (25mmol/L)	3μL
dNTP (10mmol/L)	1μL
ddH_2O	38.75μL
TaKaRa EX Taq^{TM}	0.25μL
引物 3′-2 (20μmol/L)	0.5μL
3Sites-adaptor primer (20μmol/L)	0.5μL
总体积	50μL/每管

PCR 产物经琼脂糖/1×TAE 凝胶电泳和紫外检测后，回收目的 DNA 条带，进行亚克隆和测序。

4) *rol* 序列基因的 5′端片段的获得

以获得的 *rol* 序列基因的核心片段为序列，设计用于扩增 *rol* 序列基因 5′端片段的巢式 RACE 引物。用 BD SMART RACE Advantage2 PCR Kit（CLONTECH，USA）提供的方案进行 *rol* 序列基因的 5′-RACE 一扩。在 PCR 管中加入：

10×BD Advantage2 PCR buffer	5μL
10mmol/L dNTP Mix（10mmol/L dNTP 混合液）	1μL
50×BD Advantage2 polymerase mix（50×BD Advantage2 聚合酶混合液）	1μL
UPM	5μL
5′-RACE Ready cDNA	2.5μL
引物 5′-1	1μL
PCR-Grade H_2O（PCR 级水）	34.5μL
总体积	50μL/每管

PCR 反应条件如下：25 个扩增循环（94℃变性 30s→68℃退火 30s→72℃延伸 3min）PCR 产物，取 10μL 电泳检测，其余用 Tricine-EDTA buffer 稀释 50 倍后用作二扩模板。在 PCR 管中加入：

10×BD Advantage2 PCR buffer	5μL
10mmol/L each dNTP mix（dNTP 混合液）	1μL
50×BD Advantage2 polymerase mix	1μL
NUP	1μL
一扩 PCR 产物稀释 50 倍液	1μL
引物 5′-2	1μL
PCR-Grade H_2O（PCR 级水）	40μL
总体积	50μL/每管

PCR 反应条件如下：25 个扩增循环（94℃变性 30s→68℃退火 30s→72℃延伸 3min）→72℃延伸 10min。PCR 产物经琼脂糖/1×TAE 凝胶电泳和紫外检测后，回收目的条带，经亚克隆后送测序。

5) *rol* 序列基因全长 cDNA 的克隆

将 3′和 5′ RACE 测序获得的 3′和 5′cDNA 末端以及 *rol* 序列基因的核心片段在

Vector NTI Suite 8.0 上进行序列拼接，获得 cDNA 全长序列，根据这条序列的 cDNA 末端设计一对扩增 *rol* 序列基因全长 cDNA 的 PCR 引物。通过 RT-PCR 反应获得基因全长 cDNA 序列。

RT-PCR 反应用 One Step RNA PCR Kit（AMV）（TaKaRa）试剂盒完成。其反应条件和循环参数如下。

10×One Step RNA PCR buffer（10×一步 RNA PCR 缓冲液）	5μL
25mmol/L $MgCl_2$	10μL
10×dNTP	5μL
F-full 引物（20μmol/L）	1μL
R-full 引物（20μmol/L）	1μL
40U/μL RNase inhibitor（核糖核酸酶抑制剂）	1μL
5U/μL AMV RTase XL（AMV 反转录酶）	1μL
Taxus media RNA	1μL
5U/μL *Taq* DNA polymerase（DNA 聚合酶）	1μL
ddH_2O（去离子水）	24μL
总体积	50μL/每管

PCR 反应条件如下：50℃ RT 反应 30min→94℃ RTase 灭活 2min→30 个扩增循环（94℃变性 30s→55℃退火 30s→72℃延伸 2min）→72℃延伸 10min。PCR 产物经琼脂糖/1×TAE 凝胶电泳和紫外检测后，回收目的条带，经亚克隆后送测序。

6）目的条带回收、亚克隆及测序

（1）凝胶电泳。所有 DNA 电泳均在琼脂糖凝胶、Goldview（核酸染料）、1×TAE buffer 下进行，电泳后进行紫外荧光分析和拍照。除注明者外，一般采用 1%的凝胶进行电泳，电压为 4V/cm。

（2）凝胶电泳条带或酶切产物的回收。所有胶回收都按照胶回收（小量）试剂盒（上海华舜生物工程有限公司）说明进行。

①切下含 DNA 的琼脂糖块（除去不含 DNA 的凝胶），放入 1.5mL 离心管中；

②称取凝胶重量，按每 100mg 凝胶 300μL 的量加入 S1 溶液，100mg 以下的凝胶加 300μL S1；

③50℃溶胶 10min，每 2min 颠倒混匀 1 次，使琼脂糖完全溶化；

④混匀后移入吸附柱，9000*g* 离心 30s，弃废液，再将吸附柱放入收集管；

⑤向柱中加入 500μL W1 液，9000*g* 离心 15s，弃废液，将吸附柱放入收集管；

⑥向柱中加入 500μL W1 液，静置 1min，9000*g* 离心 15s，弃废液，将吸附柱放入收集管；

⑦9000*g* 离心 1min；

⑧将柱子转入干净的 1.5mL 离心管中，在吸附膜中央加入 30μL T1 溶液；

⑨50℃水浴静置 5min；

⑩9000*g* 离心 1min；

⑪弃柱子，凝胶电泳检测后，回收产物于–20℃保存。

(3) DNA 回收片段与 pMD-18T Vector 载体的连接，在冰盒上，在 200μL 离心管中加入下列组分：

pMD-18T Vector (pMD-18T 载体)	0.5μL
Insert DNA (插入 DNA)	4.5μL
Solution (溶液)	5μL
总体积	10μL/每管

轻轻混匀，16℃连接过夜(或 16℃，PCR 连接 4～5h)，连接产物–20℃保存备用(用于转化 DH5α感受态)。

(4) 大肠杆菌 DH5α感受态的制备($CaCl_2$ 法)在无菌工作台和冰上进行。

①将大肠杆菌 DH5α接种于 20mL LB 液体培养基中，37℃振荡(200r/min 左右)过夜(12h 左右)培养(至对数生长期)；

②将 1mL 过夜培养的菌液移入 50mL LB 液体培养基(一般为 1∶50 的比例)中，37℃振荡(200r/min 左右)培养 2～3h 至 OD_{600} 为 0.5～0.6，放于冰上 30min；

③取 1mL 菌液于 1.5mL 无菌离心管中，4℃、4000r/min 离心 10min，去上清；

④沉淀用 5mL 预冷的 0.1mol/L $CaCl_2$ 悬浮，用枪头轻吹打混匀，于冰上放置 30min；

⑤4℃、4000r/min 离心 10min，去上清，沉淀再加 2mL 预冷含甘油 15%的 0.1mol/L $CaCl_2$ 重悬，冰上放置 2～3h 后，用于转化；或将感受态细胞分装成 200μL 的小份，–70℃保存。

(5) 连接反应物转化大肠杆菌感受态细胞。

①取上述方法制备的感受态细胞，或从–70℃冰箱中取出一管(200μL)感受态细胞，冰上自然融化；

②将 5～10μL DNA 的连接物加入一管感受态细胞中，轻轻混匀后放置冰上 30min；

③42℃水浴中热激 90s，迅速取出立即放于冰上 2min；

④室温恢复 5min 左右，加入 800μL 37℃预热的 LB 液体培养基至总体积为 1mL，混匀后 37℃、180r/min 培养 1～2h 至菌复苏，并使转化体产生抗性；

⑤4000r/min 离心 10min，去 800μL 上清，轻吹打剩余的 200μL 菌液混匀；

⑥用烧烤过的涂布棒将 200μL 的菌液涂布于加相应抗生素(Amp)的 LB 固体培养基上，涂匀，晾于超净台上 30min 左右至菌液完全被培养基吸收；

⑦37℃倒置培养 12～14h；

⑧阳性克隆的筛选鉴定：从平板上用无菌牙签挑取抗性菌落(白斑)若干个于 2mL 的 LB(Amp)液体培养基(离心管中)中，37℃、250r/min 摇菌培养 8h。取上述菌液 50μL 于 200μL 的离心管中，煮沸 5min，8000r/min 离心 5min 后，取上清作模板进行 PCR 鉴定，PCR 反应条件体系和条件如下。

在 200μL 离心管中加入以下物质：

cDNA	1μL
10×EX Taqase PCR buffer	5μL
25mmol/L $MgCl_2$	3μL
10mmol/L dNTP	1μL
10μmol/L 正向引物	1μL
10μmol/L 反向引物	1μL
Taq DNA 聚合酶(TaKaRa EX Taq)	0.5μL
ddH_2O	37.5μL
总体积	50μL/每管

用枪头轻微混匀后短暂离心，放入 PCR 仪进行反应，反应条件如下：94℃预变性 3min→30 个扩增循环(94℃变性 45s→55℃退火 30s→72℃延伸 2min)→72℃延伸 10min。取 10μL PCR 产物经琼脂糖/1×TAE 凝胶电泳和紫外检测后，回收目的 DNA 条带。

(6)转化重组载体的 DH5α单菌落培养和质粒的提取。

单菌落在加相应抗生素的 LB 液体培养基中摇菌培养至合适浓度后采用质粒提取(小量)试剂盒(上海华舜生物工程有限公司)抽提质粒。

①用吸头挑取白色单菌落接种于 10mL LB+Amp 的液体培养基中培养过夜；

②取培养至对数期的菌液 1.0～4.5mL(根据菌液浓度而定)于离心管中，12 000r/min 离心 90s；

③弃上清，加入 250μL P1 重悬菌体混匀，室温放置 4min；

④加入 250μL P2 溶液，立即温和颠倒 5～10 次，至菌体溶解而液体澄清；

⑤再加 350μL P3 溶液，立即轻微颠倒混匀 5～10 次，可见大量白色絮状沉淀；

⑥12 000r/min 离心 10min，吸取上清液于吸附柱中(注意：切勿吸到沉淀)；

⑦12 000r/min 离心 15s，弃下清液，加入 500μL B1 液；

⑧12 000r/min 离心 15s，弃下清液，加入 500μL W1 液；

⑨12 000r/min 离心 15s，弃下清液，加入 500μL W1 液，静置 1min；

⑩12 000r/min 离心 15s，弃下清液，12 000r/min 离心 1min；

⑪将吸附柱转入干净的 1.5mL 离心管中，在柱中央加入 50μL T1 溶液或灭菌双蒸水；l.55℃水浴柱子 5min；

⑫趁热于 12 000r/min 离心 1min；

⑬弃柱子，凝胶电泳检测后于–20℃保存备用。

第七节　发根农杆菌介导的目的基因转化

7.1　实验原理

发根农杆菌介导的遗传转化系统是外源 DNA 进入植物细胞最成功和应用最广泛的方法，发根农杆菌可侵染大多数双子叶植物和少数单子叶植物，甚至裸子植物。已有研究表明，影响发根农杆菌介导植物基因转化的因素很多，发根农杆菌菌株、植物基因型和外植体、培养方法、不同的选择标记等都影响发根农杆菌介导的遗传转化。

7.2　材料

(1) 植物材料。

(2) RiT-DNA 上嵌合 *nptII* 标记基因及目的基因的发根农杆菌菌株。

7.3　操作过程

7.3.1　无菌苗的培养

先将植物种子用 75%乙醇浸泡 1min，再用 2%NaCl 浸泡 10min，无菌水冲洗 3～4 次，用无菌吸水纸吸干水分，接种于 MS 培养基上，光照培养，可获得无菌试管苗。

7.3.2　农杆菌的培养

在转化平板上挑取单菌落在 1mL 农杆菌培养基中培养。在 50mL 农杆菌培养基（含相应抗生素）中加入 1mL 上述培养物，200r/min、28℃振荡培养过夜；室温下 4000r/min 离心 10min，弃上清液，菌体用 1/2MS 液体培养基悬浮，稀释到原体积的 5～20 倍，在与上述相同的条件下培养 2h，使菌液的 OD_{600}=0.5 左右。

7.3.3　共培养

剪取植物无菌苗的叶片和茎段，放入发根农杆菌 MS 悬液中浸泡 5min，倒出悬液，用无菌吸水纸吸干表面余菌，转到共培养 MS 培养基上，光照培养 3 天。

7.3.4 毛状根的诱导和培养

将共培养的外植体转入到 1/2MS+Km 25～100mg/L 培养基上光照培养。20 天左右即可长出毛状根。剪取毛状根，接种于 1/2MS+Km 25～100mg/L 培养基上暗培养数周，选择生长快、分支好的毛状根转入脱菌筛选培养基中继代筛选。

7.3.5 毛状根诱导分化及植株再生

按照本章第五节进行操作，在再生培养基中附加 25～100mg/L 的 Km。

第七章　应用毛状根培养技术合成竹节参皂苷

毛状根培养技术是将发根农杆菌的 Ri 质粒中含有的 T-DNA 整合到植物细胞的 DNA 上，使其诱导产生毛状根，从而建立离体培养体系的技术。转化毛状根具有生长速率快、次生代谢产物含量高、比较稳定、不需要添加任何激素等优点。近年来，利用发根农杆菌转化药用植物进行生产次生代谢产物和有效药用成分的研究甚多，并逐渐成为药用植物生产的一个新方向。目前，由于人们的消费越来越倾向于"天然化"，人类对植物有用次生代谢产物的需求量越来越大，而野生植物的产量有限，挖掘和过度开发等因素使我国药用植物资源日渐匮乏。同时人工栽培生产中长期的只种不选，品种退化、混杂严重、农药污染等诸多问题使药材产量和质量都有所下降。因此，利用现代植物生物技术，以发根农杆菌转化竹节参而产生毛状根作为培养系统来生产有用的竹节参皂苷活性成分，这无疑为药用植物竹节参的研究与开发开辟了一个新领域(张来等，2010)。

第一节　竹节参毛状根培养技术体系

1.1　毛状根的诱导与培养

取竹节参幼嫩的地上茎，剪成 1.5cm 长的节段，在清水中浸泡 2h，然后用 75%乙醇浸泡 30s，转移到 0.1%的升汞溶液中浸泡 10min，用无菌水冲洗 5～6 次，接种于 MS 固体培养基上，于(25±1)℃、3000lx 下进行预培养 15 天作为转化外植体材料。

用活化好的菌液在 0～35min 内侵染无菌外植体，然后用无菌滤纸吸干菌液，接种于 MS+100mg/L 乙酰丁香酮的滤纸培养基上共培养 3～6 天，取出外植体用无菌水冲洗干净后接种于 MS+500mg/L Cef 的固体培养基上进行筛选培养，按同样的方法反复继代除菌直至无菌，再转入 MS 固体培养基上诱导毛状根产生。实验表明，C58C1 菌液浸染竹节参地上幼嫩茎段，在 0～5min，无法诱导出毛状根；5～35min，均能诱导出毛状根。但在 5～25min，诱导率随时间呈正相关；25～35min，诱导率随时间呈负相关。可见 C58C1 对竹节参茎段的诱导时间以 25min 为最佳，诱导率为 90%(图 7-1)。

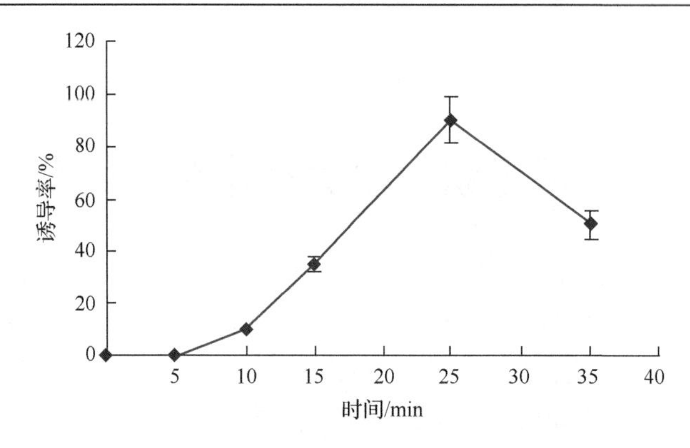

图 7-1　侵染时间对竹节参毛状根诱导率的影响

图 7-2 显示，C58C1 菌液感染竹节参地上茎段 6～8 天后，茎段下端开始膨大，8～11 天后在针刺部位产生毛状根，而且毛状根产生与形态学的上下端有一定规律，即形态学的下端先长，形态学的上端后长。C58C1 诱导所产生的毛状根均为白色，分支较多，密集丛生，无向地性。图 7-2A 为经 C58C1 诱导所产生的毛状根，图 7-2B 为毛状根单克隆，图 7-2C 为单克隆毛状根的液体悬浮扩大培养。未经农杆菌感染的外植体不能形成毛状根，在伤口处褐化并逐步死亡。

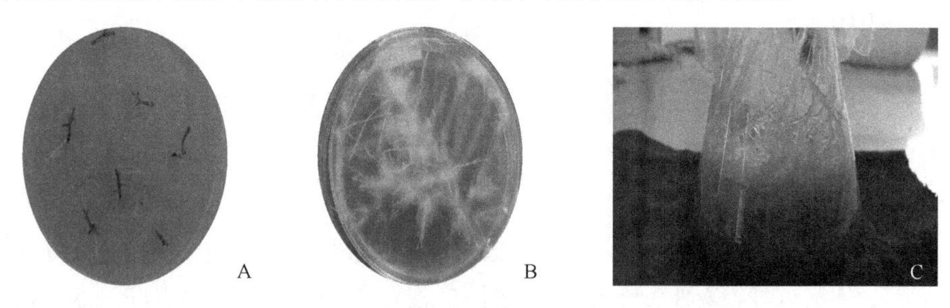

图 7-2　竹节参毛状根诱导及培养(彩图请扫封底二维码)

A. C58C1 菌株诱导的竹节参毛状根；B. 竹节参毛状根单克隆；C. 竹节参毛状根单克隆的扩大培养

当毛状根长至 3cm 时，选取粗壮、白色的毛状根系，在无菌状态下用无菌剪剪下，接种于 1/2MS 液体培养基上，于 135r/min、(25±1)℃下摇床暗培养。每隔 10 天继代培养一次，重复 5～6 次。

1.2　共培养时间对竹节参毛状根诱导的影响

农杆菌 C58C1 和竹节参茎段外植体共培养是转化的关键环节，因为共培养时期内，农杆菌的附着、T-DNA 的转移和整合都在此时间内完成。研究表明，农杆菌转化时是把农杆菌的 T-DNA 转移到植物细胞，而不是把农杆菌侵入到植物细胞中；农杆菌附着在创伤部位生存 16h 后才能被转化，实现毛状根的诱导和形成。图 7-3 显示农杆菌 C58C1 菌液感染竹节参茎段均能诱导出毛状根。在 0～4 天，其诱导率与共培养呈正相关，从0天时的12.5%增加到4天时的95.6%，增幅达86.9%。在4～8天，其诱导率与共培养呈负相关，从4天时的95.6%降到8天时的30.5%，降幅达68.1%。可见农杆菌C58C1菌液与竹节参茎段的共培养时间以4天为最佳。

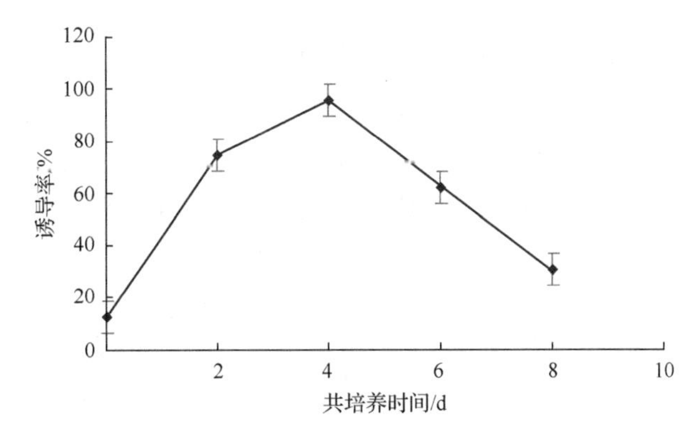

图7-3　共培养时间对竹节参毛状根诱导率的影响

1.3　植物生长调节物质对竹节参毛状根生物量积累的影响

以1/2MS培养基为对照，在1/2MS培养基上加植物生长调节剂IBA（1mg/mL）、NAA（1mg/mL）、IAA（1mg/mL），培养6周，测量毛状根的湿重、干重和干湿比。表7-1显示，以1/2MS为基本培养基，在相同的培养时间内，不同浓度的植物生长调节物质NAA、IAA和IBA对竹节参毛状根生物量积累的影响不同。在0.5mg/L时，NAA和IAA对竹节参毛状根生物量积累的影响大于对照组，IBA小于对照组，其中0.5mg/L IAA的作用效果在所有调节物质及其浓度范围内为最大，其干重、湿重和干湿比依次为0.615g、2.880g和0.214%。在1mg/L时，NAA、IAA和IBA对竹节参毛状根生物量积累的影响大于对照组，三者中以IBA效果最佳，其干重、湿重和干湿比依次为0.358g、1.836g和0.195%。在1.5mg/L时，NAA、IAA和IBA对竹节参毛状根生物量积累的影响小于对照组。

表7-1　植物生长调节物质对竹节参毛状根生物量积累的影响（$\bar{x} \pm S$，$n=4$）

植物生长调节物质	浓度/(mg/L)	基本培养基(液体)	培养时间/周	湿重/g	干重/g	干湿比/%
对照(CK)				1.047±0.018	0.130±0.861	0.124±0.369
NAA	0.5			2.015±0.363	0.430±0.185	0.213±0.044
	1			1.473±0.014	0.218±0.036	0.148±0.015
	1.5			1.059±0.307	0.121±0.245	0.129±0.467
IAA	0.5	1/2MS	6	2.880±0.474	0.615±0.017	0.214±0.038
	1			1.605±0.021	0.241±0.048	0.150±0.013
	1.5			0.972±0.116	0.095±0.689	0.098±0.575
IBA	0.5			1.040±0.028	0.116±0.575	0.112±0.318
	1			1.836±0.045	0.358±0.035	0.195±0.072
	1.5			0.895±0.701	0.088±0.128	0.098±0.317

上述分析可以看出，高浓度的 NAA 和 IAA 对竹节参毛状根生物量的积累有抑制作用，浓度越大，抑制效果越明显；而对于 IBA，高浓度和低浓度都对竹节参毛状根生物量的积累产生抑制作用，只有在 1mg/L 时才有促进作用。

1.4　培养时间对竹节参毛状根生物量积累的影响

取除菌完毕的毛状根接种在 1/2MS 培养基上培养 9 周，每周测量毛状根的湿重、干重和干湿比。表 7-2 显示，对培养时间而言，在 1～5 周，竹节参毛状根生长速率较快，其湿重、干重和干湿比相应增加，且增加的幅度较大；而在 6～9 周，竹节参毛状根生长速率减慢，生物量的增加幅度明显变缓。因此从竹节参毛状根生物量积累的角度考虑，竹节参毛状根培养到 6 周时，生物量的积累达到较为理想状态，此时收获较为合适，此后随着培养时间的推移，生物量的积累增加不大。

表 7-2　培养时间对竹节参毛状根生物量积累的影响（$\bar{x} \pm S$，$n = 4$）

时间/周	IAA/(mg/L)	培养基(液体)	湿重/g	干重/g	干湿比/%
1			0.087±0.010	0.001±0.042	0.012±0.038
2			0.108±0.140	0.011±0.081	0.102±0.049
3			0.484±0.012	0.056±0.061	0.115±0.380
4			0.916±0.087	0.081±0.071	0.084±0.038
5	0.5	1/2MS	1.349±0.011	0.128±0.065	0.095±0.019
6			1.628±0.076	0.288±0.016	0.177±0.028
7			1.630±0.083	0.291±0.047	0.178±0.032
8			1.681±0.270	0.302±0.078	0.179±0.046
9			1.705±0.033	0.310±0.045	0.181±0.091

1.5　毛状根中 *rolB* 基因的 PCR 扩增

毛状根和非转化根 DNA 的提取用常规 CTAB 法。PCR 扩增所用引物根据改造后的 C58C1 菌株中的 *rolB* 设计特异性引物：

正向引物为 5′—GCTCTTGCAGTGCTAGATTT—3′；

反向引物为 5′—GAAGGTGCAAGCTACCTCTC—3′。

PCR 反应体系为 50μL，其中 5μL 10 倍缓冲液，3μL 25mmol/L $MgCl_2$，1μL 10mmol/L dNTP，正、反向引物各 1μL，0.5μL TaKaRa EX Taq，37.5μL ddH_2O，1μL DNA 模板。PCR 扩增条件为：94℃预变性 3min，94℃变性 45s，45℃退火 1min，72℃延长 1min，共计 35 个循环，最后 72℃延长 10min 。PCR 扩增产物用 0.1%琼脂糖凝胶(Gold-view 染色)进行电泳(120V、100mA、20min)，电泳结果于凝胶成像系统(UV 260nm)下观察并拍照以保存图片。

PCR 扩增结果(图 7-4)指出，竹节参转化毛状根的 *rolB* 基因的大小约为 550bp，与预期大小相当；而未转化根的 DNA 扩增后无 550bp 条带。相关研究已经证实，发根农杆菌 Ri 质粒上的 *rol* 家族基因与植物毛状根的产生有关，所以本试验 C58C1 诱导竹节参所产生的毛状根已经整合了 Ri 质粒的 T-DNA 片段，达到预期目的。

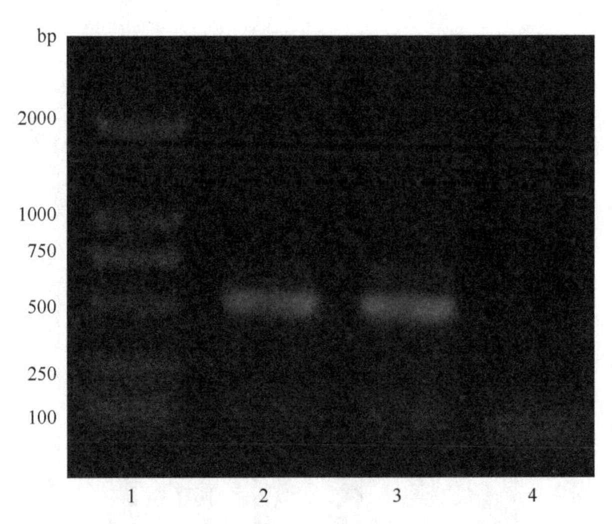

图 7-4　竹节参毛状根 *rolB* 基因的 PCR 检测

1. DNA marker；2、3. 竹节参毛状根的扩增条带；4. 竹节参非转化根的扩增条带

第二节　竹节参毛状根合成皂苷

2.1　竹节参毛状根中人参皂苷的含量

利用毛状根培养技术能使竹节参合成人参皂苷。所有的竹节参毛状根单克隆系，在 1/2MS 培养基上均能合成单体人参皂苷 Re、Rg1、Rg2、Rh1、Rh2（图 7-5～图 7-10）。但在相同的培养时间（9 周）内，不同毛状根单克隆系积累的人参皂苷不同。就人参单体 Re、Rg1、Rg2、Rh1 和 Rh2 含量而言，Re 含量一般在 18.47～60.26mg/g，平均为 39.82mg/g，最大含量为 PJ8 的 60.26mg/g，最小含量为 PJ1 的 18.47mg/g；Rg1 含量一般在 12.35～41.66mg/g，平均为 28.21mg/g，最大含量为 PJ7 的 41.66mg/g，最小含量为 PJ1 的 12.35mg/g；Rg2 含量一般在 24.45～42.46mg/g，平均为 31.77mg/g，最大含量为 PJ3 的 42.46mg/g，最小含量为 PJ2 的 24.45mg/g；Rh1 含量一般在 19.88～51.39mg/g，平均为 34.66mg/g，最大含量为 PJ9 的 51.39mg/g，最小含量为 PJ1 的 19.88mg/g；Rh2 含量一般在 25.85～54.34mg/g，平均为 36.82mg/g，最大含量为 PJ6 的 54.34mg/g，最小含量为 PJ5 的 25.85mg/g。可见，从单体含量层面分析，在 1/2MS 液体培养基上培养 9 周，若目的产物为 Re，应选择 PJ8 单克隆系，同理 Rg1 应选择 PJ7 单克隆系，Rg2 应选择 PJ3 单克隆系，Rh1 应选择 PJ9 单克隆系，Rh2 应选择 PJ6 单克隆系。图 7-10 指出，竹节参毛状

根单克隆系中总皂苷含量一般在 712.36～1136.45mg/g，最大含量为 PJ9 的 1136.45mg/g，最小含量为 PJ3 的 712.36mg/g，可见以总皂苷为目的产物，应选 PJ9。

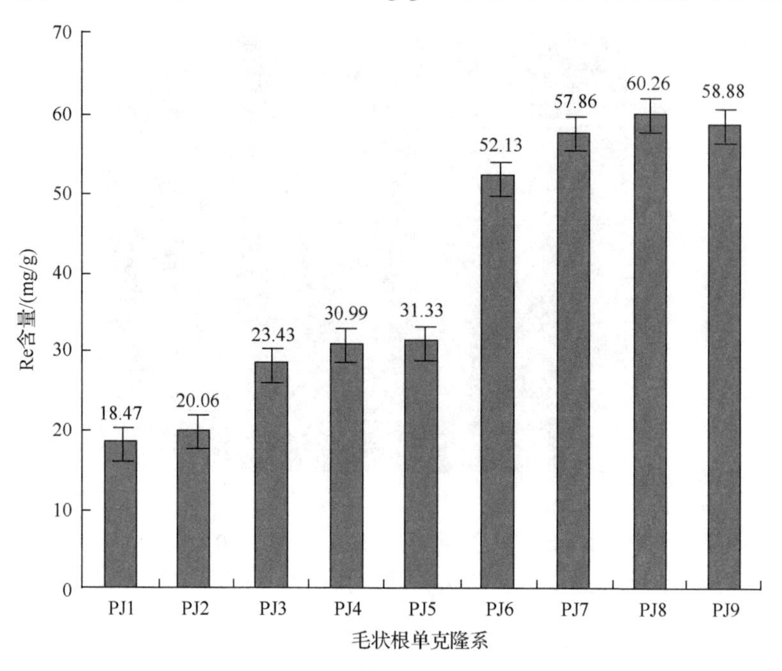

图 7-5　不同竹节参毛状根单克隆系统中 Re 含量

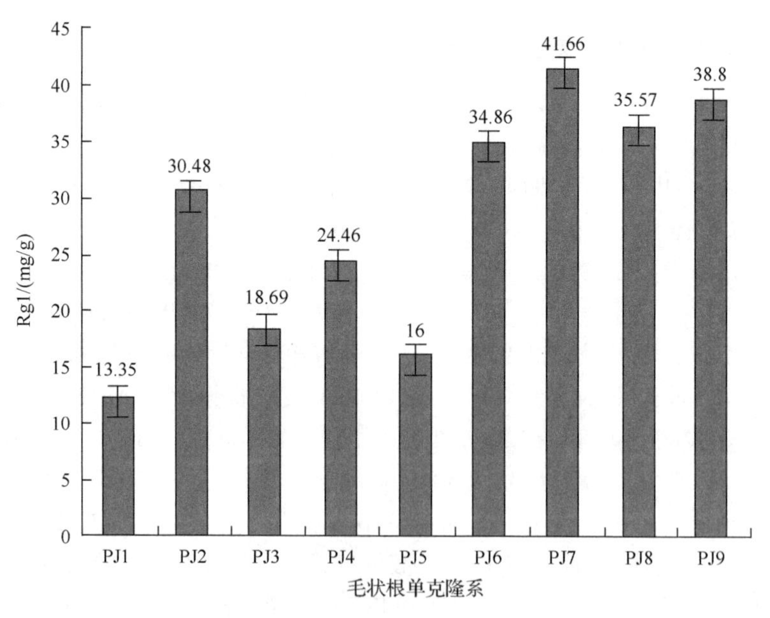

图 7-6　不同竹节参毛状根单克隆体系中 Rg1 含量

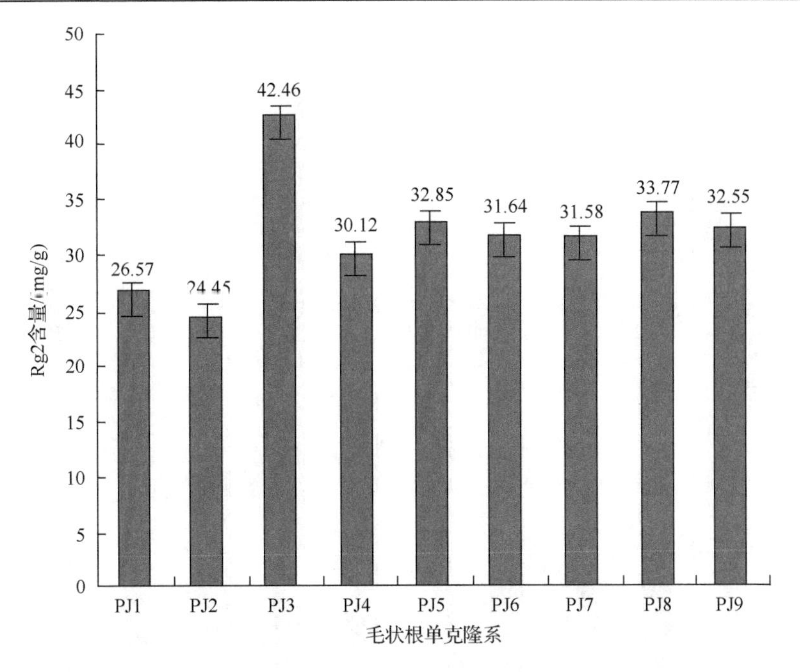

图 7-7　不同竹节参毛状根单克隆体系中 Rg2 含量

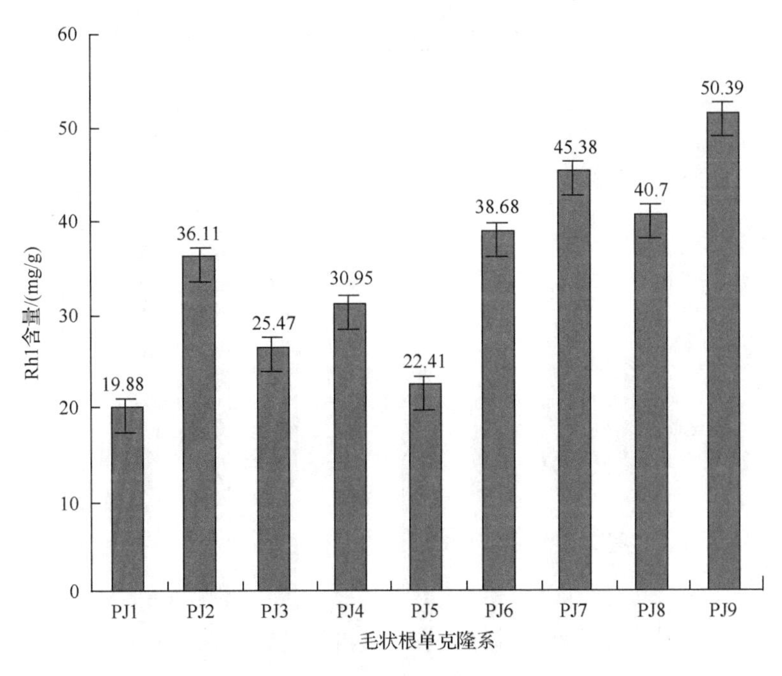

图 7-8　不同竹节参毛状根单克隆体系中 Rh1 含量

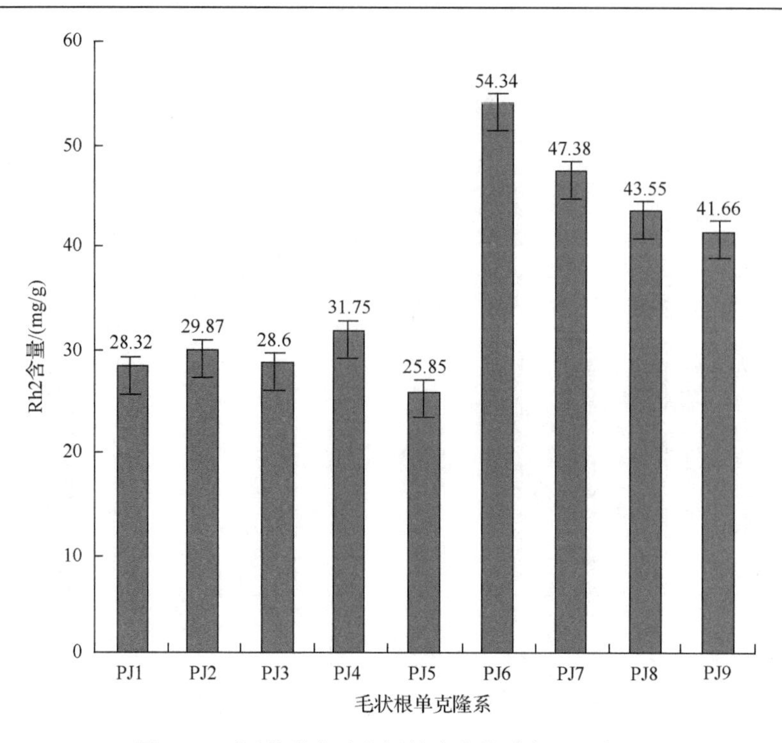

图 7-9　不同竹节参毛状根单克隆体系中 Rh2 含量

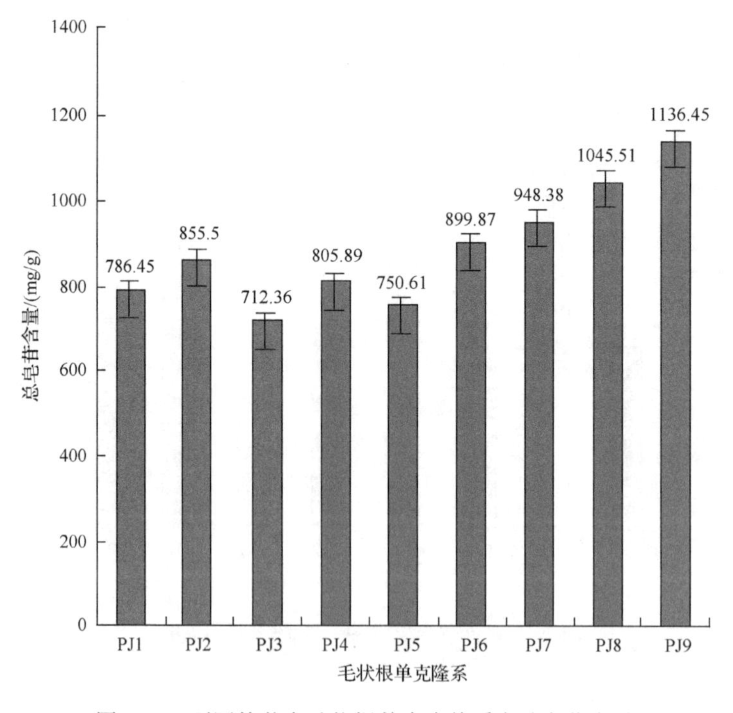

图 7-10　不同竹节参毛状根单克隆体系中总皂苷含量

2.2 竹节参毛状根中人参皂苷含量动态变化规律

图 7-11 显示竹节参毛状根单克隆系 PJ1 中人参皂苷单体 Re、Rg1、Rg2、Rh1、Rh2 的合成动态变化规律：1～2 周是合成的缓慢启动期，在这一时期内，所有的人参皂苷单体合成处于启动阶段，含量较低，一般不超过 5mg/g。2～7 周是合成的指数增长期，在这一时期内，每一种人参皂苷单体的合成速率加快，含量呈几何级数增长，其中增长最快的是 Rh2，在 7 周时含量高达 27.49mg/g；最慢的是 Rg1，含量仅为 11.28mg/g。7～9 周是合成的平稳期，在这一时间内，人参皂苷单体合成速率减缓，含量增加不显著，图 7-11 中显示较为平缓。但值得一提的是，人参皂苷 Rg2 含量在 1～9 周内一直处于指数增长状态，可以断言，在所设置的时间范围内，该成分的合成能力必定随着时间的推移一直在增加。

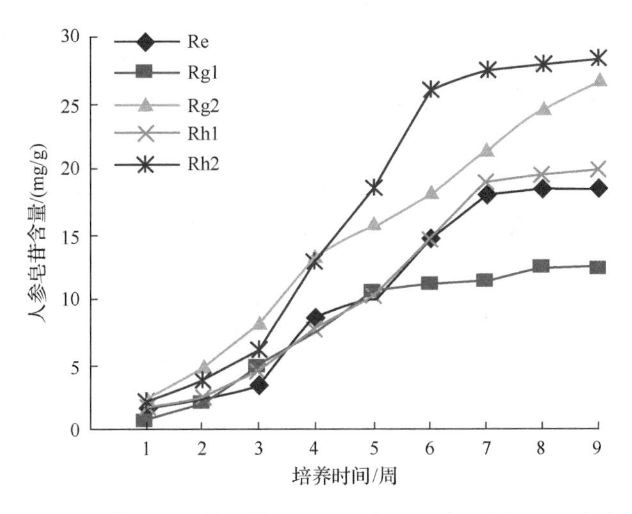

图 7-11 竹节参毛状根单克隆 PJ1 中人参皂苷含量动态变化

图 7-12 显示竹节参毛状根单克隆系 PJ2 中人参皂苷单体 Re、Rg1、Rg2、Rh1、Rh2 的合成动态变化规律：1～2 周是合成的缓慢启动期，所有的人参皂苷单体合成处于启动状态，含量普遍较低，一般在 1.53～4.75mg/g。2～6 周是合成的指数增长期，每种人参皂苷单体的合成能力增强，合成速率加快，含量呈几何级数增长。到第 6 周结束时，含量最高的是 Rh1，为 34.59mg/g；最低的是 Re，为 18.88mg/g。在所检测的 5 中人参皂苷单体中，含量高低顺序依次为 Rh1＞Rg1＞Rh2＞Rg2＞Re。6～9 周是皂苷含量增长的稳定平衡期，含量增加幅度不大，几乎处于均匀状态。

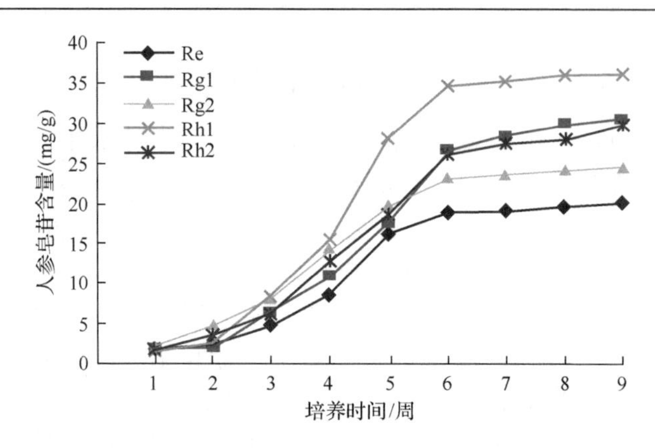

图 7-12　竹节参毛状根单克隆体系 PJ2 中人参皂苷含量动态变化

图 7-13 显示竹节参毛状根单克隆系 PJ3 中人参皂苷单体 Re、Rg1、Rg2、Rh1、Rh2 的合成动态变化规律：1～2 周是合成的缓慢启动期，在这一时期内，5 种人参皂苷单体合成处于启动状态，含量较低，一般在 1.53～8.75mg/g。2～5 周是 Rg2 和 Rh1 合成的指数增长期，其合成能力增强、合成速率加快；其中合成能力最大是 Rg2，含量为 40.66mg/g，并且在所有人参皂苷单体中也是合成能力最强的，5～9 周是 Rg2 和 Rh1 合成的稳定平衡期，含量增长变化不大。2～6 周是 Re、Rg1 和 Rh2 合成的指数增长期，到第 6 周时，三者含量大小依次是 Re= Rh2＞Rg1，6～9 周是它们合成的稳定平衡期。

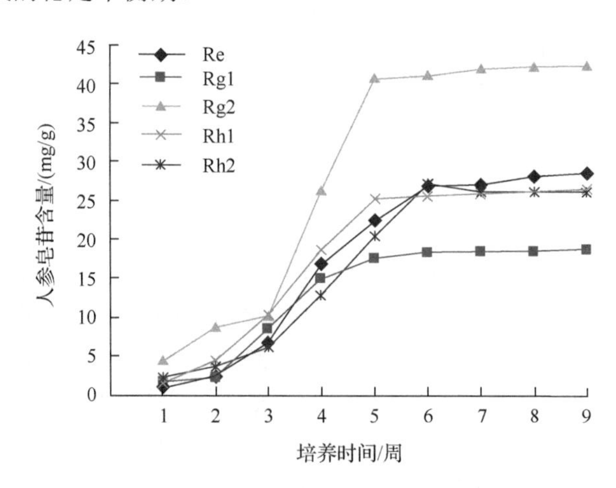

图 7-13　竹节参毛状根单克隆体系 PJ3 中人参皂苷含量动态变化

图 7-14 显示竹节参毛状根单克隆系 PJ4 中人参皂苷单体 Re、Rg1、Rg2、Rh1、Rh2 的合成动态变化规律：1～2 周是合成的缓慢启动期，5 种人参皂苷单体合成处于启动状态，含量低，一般在 1.21～4.38mg/g。2～7 周是合成的指数增长期，

最大合成量为 Re 的 30.18mg/g，合成能力最小的是 Rg1，含量仅为 24.45mg/g，其他三者处于中间状态。7～9 周是合成的稳定平衡期，几乎处于平衡状态，每个单体成分都在最大值的基础上缓慢增长，增长幅度均不明显。

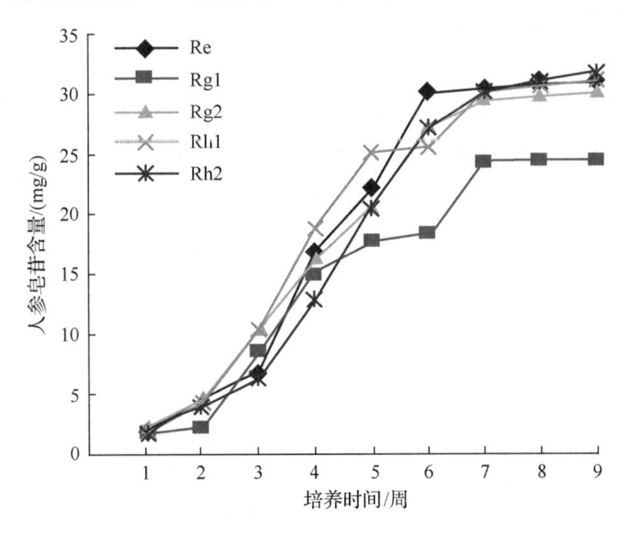

图 7-14　竹节参毛状根 PJ4 中人参皂苷含量动态变化

图 7-15 显示竹节参毛状根单克隆系 PJ5 中人参皂苷单体 Re、Rg1、Rg2、Rh1、Rh2 的合成动态变化规律：1～2 周是合成的缓慢启动期，5 种人参皂苷单体合成处于启动状态，含量低，一般在 1.01～4.78mg/g。对于指数增长期，Re 为 2～6

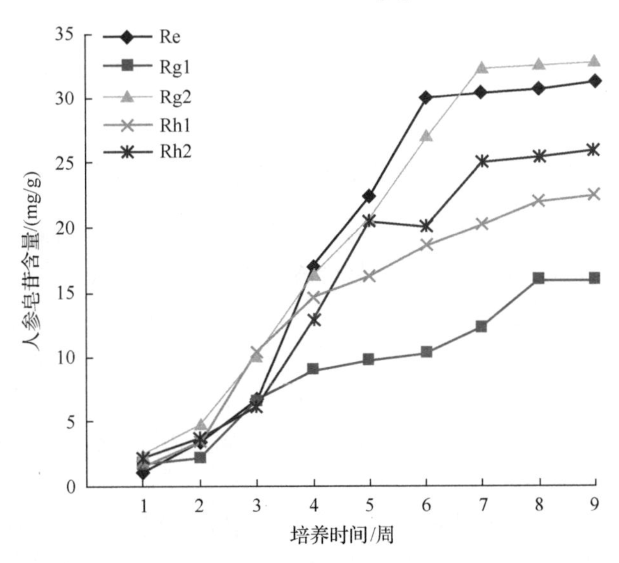

图 7-15　竹节参毛状根 PJ5 中人参皂苷含量动态变化

周，含量增至 30.08mg/g；Rg2 和 Rh2 为 2～7 周，含量增至 32.41mg/g 和 25.08mg/g；Rg1 和 Rh1 为 2～8 周，含量增至 15.88mg/g 和 22.12mg/g。对于稳定平衡期，Re 为 6～9 周，Rg2 和 Rh2 为 7～9 周，Rg1 和 Rh1 为 8～9 周。

图 7-16 显示竹节参毛状根单克隆系 PJ6 中人参皂苷单体 Rg1、Rg2、Rh1、Rh2 合成动态变化规律：1～2 周是合成的缓慢启动期，4 种人参皂苷单体合成处于启动状态，含量低，在 1.15～4.23mg/g。2～7 周是 Rg1 和 Rg1 的指数合成增长期，含量分别增至 33.68mg/g 和 31.41mg/g；Rh1 和 Rh2 的指数增长期为 2～8 周，含量分别增至 38.45mg/g 和 54.08mg/g。由于指数增长期的时间不同，其稳定平衡期的时间也相应变化，Rg1 和 Rg1 为 7～9 周，Rh1 和 Rh2 为 8～9 周。Re 几乎没有合成缓慢启动期，从一开始合成能力就逐渐增大，含量直线上升，到第 6 周时达到最大值，含量为 50.76mg/g，随后进入稳定平衡期。

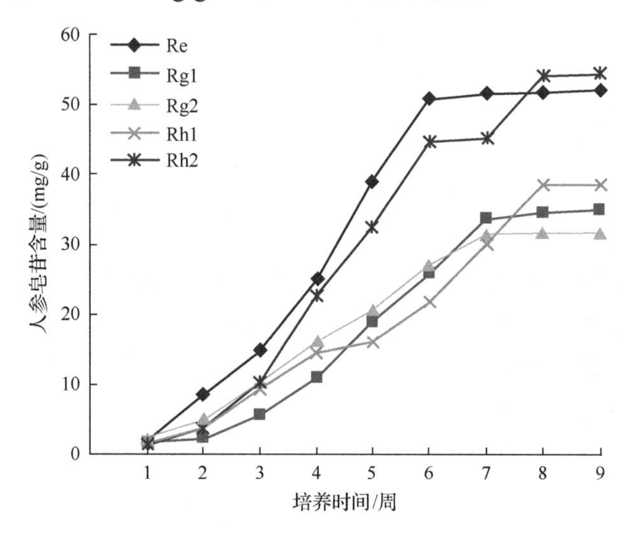

图 7-16　竹节参毛状根 PJ6 中人参皂苷含量动态变化

图 7-17 显示竹节参毛状根单克隆系 PJ7 中人参皂苷单体 Re、Rg1、Rg2、Rh1、Rh2 的合成动态变化规律：1～2 周是合成的缓慢启动期，5 种人参皂苷单体合成处于启动状态，含量低，一般在 1.85～6.38mg/g。2～6 周是 Rh2 合成的指数增长期，含量增至 44.65mg/g；2～7 周是 Re 和 Rg2 的指数增长期，含量分别增至 56.61mg/g 和 31.41mg/g；2～8 是 Rg1 和 Rh1 的指数增长期，含量增至 41.45mg/g 和 45.25mg/g。对于稳定平衡期，Rh2 为 6～9 周，Re 和 Rg2 为 7～9 周，Rg1 和 Rh1 为 2～8 周。

图 7-18 显示竹节参毛状根单克隆系 PJ8 中人参皂苷单体 Rg1、Rg2、Rh1、Rh2 的合成动态变化规律：1～2 周是合成的缓慢启动期，4 种人参皂苷单体合成处于启动状态，含量低，一般在 1.45～4.75mg/g。2～6 周是 Rh2 合成的指数增长

期，含量增至 40.65mg/g；2～7 周是 Rg1 和 Rg2 指数增长期，含量分别增至 33.68mg/g 和 30.85mg/g。2～8 周是 Rh1 的指数增长期，含量增至 40.25mg/g。对于 4 种人参皂苷合成的稳定平衡期，Rh2、Rg1 和 Rg2 及 Rh1 分别从第 6、第 7、第 8 周开始。Re 的合成没有缓慢启动期，第 1～3 周是第一个指数增长期，含量增至 14.85mg/g，第 3～8 周是第二个指数增长期，含量增至 60.15mg/g，最后进入稳定平衡期。

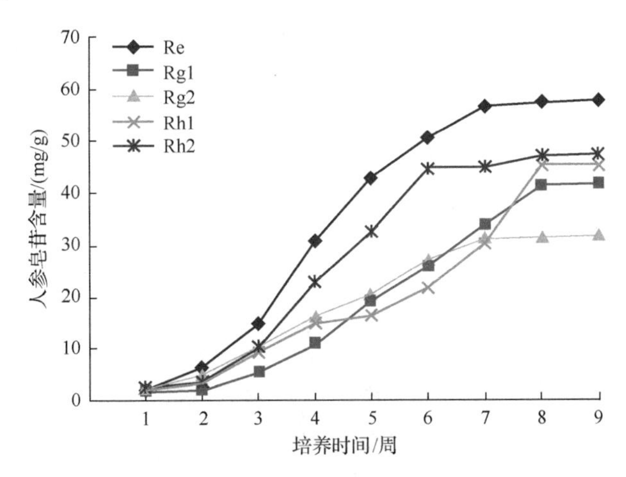

图 7-17　竹节参毛状根 PJ7 中人参皂苷含量动态变化

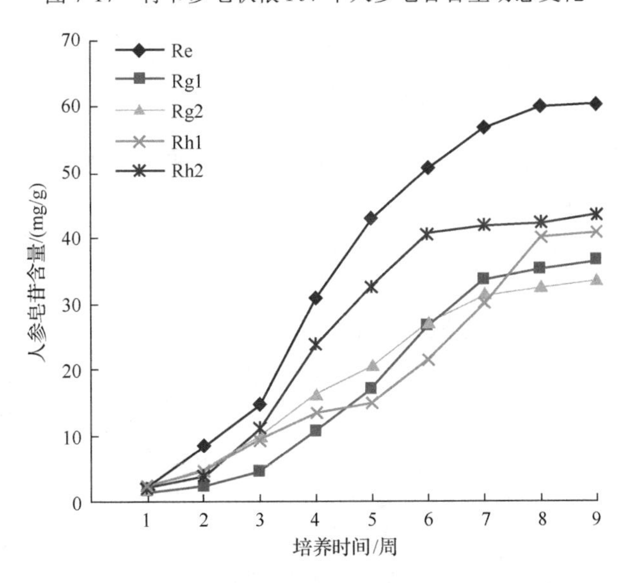

图 7-18　竹节参毛状根 PJ8 中人参皂苷含量动态变化

图 7-19 显示竹节参毛状根单克隆系 PJ9 中人参皂苷单体 Rg1、Rg2、Rh1、Rh2 的合成动态变化规律：1～2 周是合成的缓慢启动期，4 种人参皂苷单体合成

处于启动状态，含量低，一般在 1.85～4.97mg/g。2～6 周是 Rh2 的指数增长期，含量增至 40.65mg/g；2～7 周是 Rg2 的指数增长期，含量增至 32.18mg/g；2～8 周是 Rh1 和 Rg1 的指数增长期，含量分别增至 50.23mg/g 和 38.45mg/g。对于稳定平衡期，Rh2、Rg2、Rh1 和 Rg1 分别从第 6、第 7、第 8 周开始，一直到第 9 周。然而，人参皂苷 Re 不符合上述规律，从第一周开始，其合成能力就一直增大，合成速率加快，到第 3 周时，达到第一个指数生长期，然后出现一个上升趋势的拐点；到第 7 周出现第二个指数生长期，含量高达 57.61mg/g。

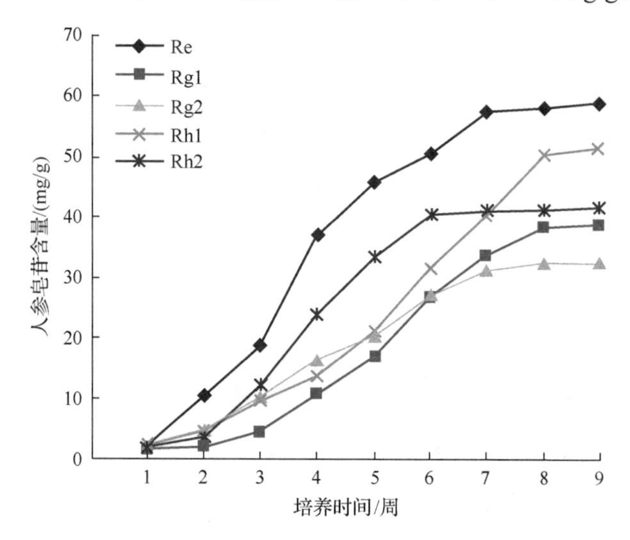

图 7-19 竹节参毛状根 PJ9 中人参皂苷含量动态变化

上述分析表明，竹节参不同毛状根单克隆系中的 5 种人参皂苷含量动态变化规律具有以下特点：

(1)除个别外，竹节参毛状根单克隆系中 5 种人参皂苷的合成存在 3 个阶段，即缓慢启动期、指数增长期、稳定平衡期。缓慢启动期一般在第 1～2 周，指数生长期一般在第 6 周、第 7 周或第 8 周达到增长极限。

(2)除 PJ3 和 PJ5 外，人参皂苷 Re 在所有竹节参单克隆系中的合成能力最强、合成速率最快，含量在数值上相对大于其他单克隆系。况且在大多数单克隆系中没有缓慢启动期，指数生长期最短，相对其他较节约资源。

(3)从节约能源、药品和试剂的角度出发，对于不同单克隆系中的各种人参皂苷，一般培养至指数生长期的末期为最佳，这时含量几乎达到最大值。因为在指数生长期以后，随着培养时间的增加，其含量增加幅度较小、甚至极小。

(4)在竹节参单克隆系 PJ5 和 PJ3 中，人参皂苷 Rh2 含量最大，是定向培养的目标产物。

图 7-20 显示竹节参毛状根不同单克隆系中总皂苷含量变化规律。

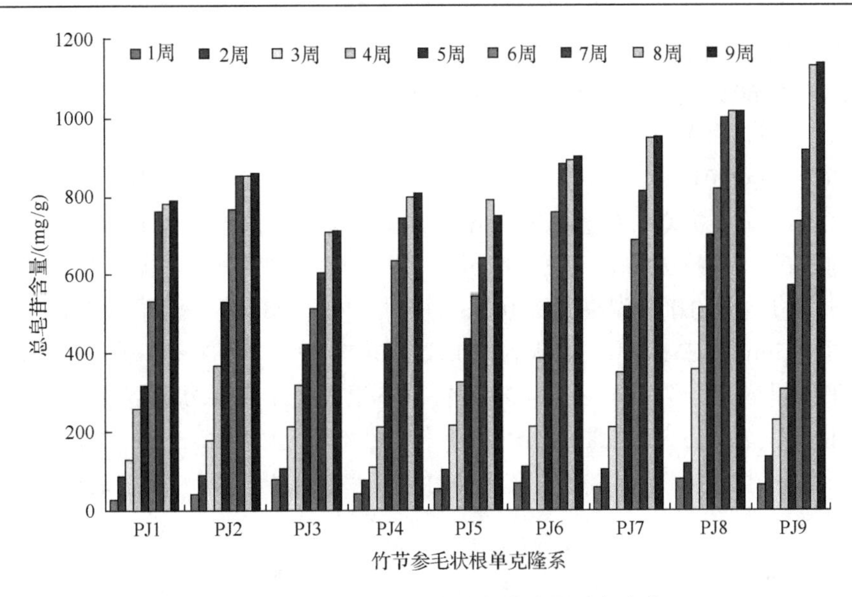

图 7-20　竹节参毛状根中总皂苷含量动态变化

(1)从培养时间变化来看：

第 1 周：PJ8＞PJ3＞PJ6＞PJ9＞PJ7＞PJ5＞PJ4＞PJ2＞PJ1；

第 2 周：PJ9＞PJ8＞PJ6＞PJ3＞PJ5＞PJ7＞PJ2＞PJ1＞PJ4；

第 3 周：PJ8＞PJ9＞PJ6＞PJ7＞PJ5＞PJ3＞PJ2＞PJ1＞PJ4；

第 4 周：PJ8＞PJ6＞PJ2＞PJ7＞PJ5＞PJ3＞PJ9＞PJ1＞PJ4；

第 5 周：PJ8＞PJ9＞PJ2＞PJ6＞PJ7＞PJ5＞PJ4＞PJ3＞PJ1；

第 6 周：PJ8＞PJ2＞PJ6＞PJ9＞PJ7＞PJ4＞PJ5＞PJ3＞PJ1；

第 7 周：PJ8＞PJ9＞PJ6＞PJ2＞PJ1＞PJ7＞PJ4＞PJ5＞PJ3；

第 8 周：PJ9＞PJ8＞PJ7＞PJ6＞PJ2＞PJ4＞PJ5＞PJ1＞PJ3；

第 9 周：PJ9＞PJ8＞PJ7＞PJ6＞PJ2＞PJ4＞PJ1＞PJ5＞PJ3。

(2)从最终含量来看：PJ9＞PJ8＞PJ7＞PJ6＞PJ2＞PJ4＞PJ1＞PJ5＞PJ3。

第三节　竹节参毛状根培养合成精油

分别取竹节参毛状根或非转化根(粉碎过 60 目筛)200g，置于 500mL 带塞的干燥广口瓶内，加入适当量的重蒸乙醚，静置浸泡 24h 后，分离浸泡液与残渣，将残渣移入索氏提取器内，水浴回流 10h。合并浸泡液与回流提取液，置于 1000mL 圆底烧瓶内，水浴回收溶剂至 300mL 后，移入 500mL 烧瓶内继续回收溶剂至几乎无乙醚气味。在残余物中加入 200mL 蒸馏水，用水蒸气蒸馏，馏出物用盛有少量重蒸乙醚的接收器接收，并用重蒸乙醚萃取 6～8 次。合并乙醚萃取液，水浴回收溶剂，至小体积后加入适量干燥后的无水硫酸钠去除水分，分离硫酸钠，剩余提取液移入 60mL 蒸馏烧瓶内，室温下减压蒸馏直至乙醚回收完毕，得精油，移入 5mL 试剂瓶内密封备检。

GCMS-QP2010 的柱：OV-1701 柱长 30.0m，内径 250μm，膜厚 0.25μm。氦气为载气，恒流方式，流速 0.5mL/min。程序升温，初始温度 50℃，以 10℃/min 升温到 260℃，维持 20min。进样口温度：260℃。进样方式：流进样，分流比 20∶1。毛细管柱与质谱的接口温度为 230℃。进样量 2μL，MS 离子源温度 200℃。质谱延时时间 5min。EM 电压 1.20kV，EI 离子源 70eV。从 10～50 质量扫描，数据分析采用提取离子方式。图 7-21 是竹节参根与竹节参毛状根精油的气相色谱(GC)谱图，表 7-3 则是通过 HPMSD 化学工作站检索 Nist98 标准质谱图库和 WILEY 质谱图库，并结合有关文献进行人工谱图解析及归一化法后所得各组分相对含量。

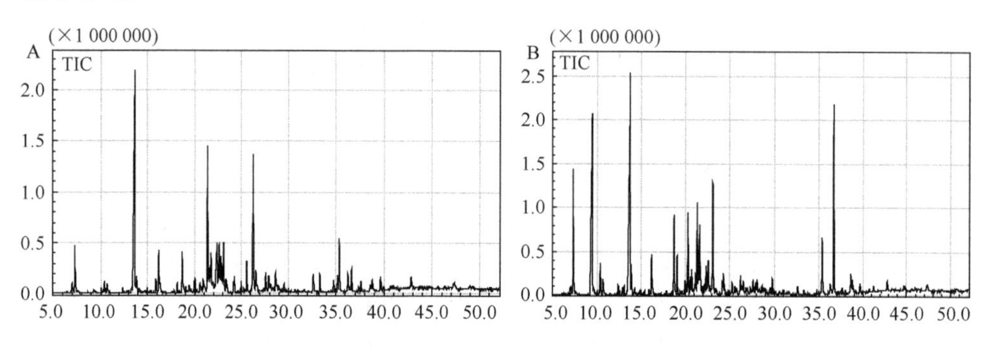

图 7-21　竹节参根(A)及其毛状根(B)精油 GC 图谱

3.1　精油含量及其成分

经测定，竹节参根及其毛状根精油含量分别为 0.45%和 0.38%。在竹节参根精油中共检出并鉴定 40 种化合物，34 号、36 号同为 2,3,5,8-四甲基癸烷，属不同构象，故实际鉴定 39 种化合物。在这些化合物中，含量较大的有正己酸(11.6%)、镰叶芹醇(10.04%)、3-甲基丁酸(9.56%)、异丙基乙醚(6.56%)、2-异丙烯基-5-异丙基-7,7-二甲基双环[4.1.0]-3-庚烯(5.89%)，为根精油中的代表性标志成分。竹节参毛状根精油中共检出并鉴定 45 种化合物，其中正己酸(13.92%)、匙叶桉油烯醇(9.96%)、1aR-(1aα,4α,4aβ,7bα)-1a,2,3,4,4a,5,6,7b-八氢-1,1,4,7-四甲基-1H-环丙烯并奥(9.15%)为主要成分，含量较高。两种精油中有 18 种化合物为两者所共有，相对含量之和分别是 59.30%和 59.84%，相同化合物的含量对比见图 7-22。

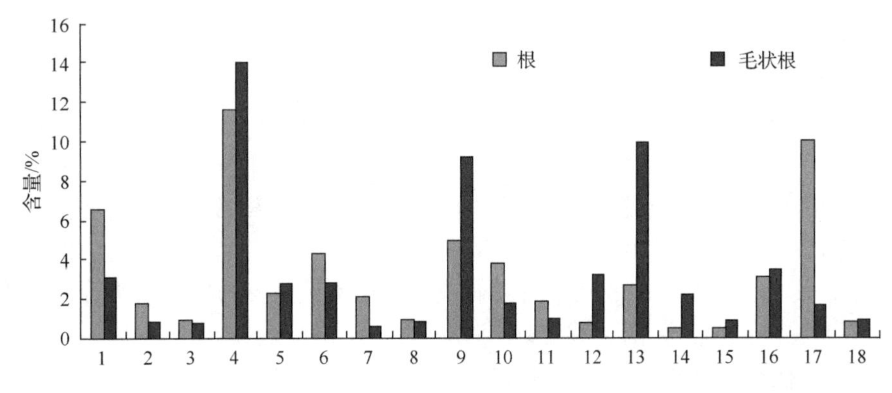

图 7-22　竹节参根及其毛状根精油中所含化合物

1. 2-乙氧基丙烷(2-ethoxy-propane)；2. 辛醛(octana)l；3. 丙基丙二酸(propyl-propanedioic acid)；4. 己酸(hexanoic acid)；5. 庚烷酸(heptanoic acid)；6. 辛烯酸(octanoic Acid)；7. 柯帕烯(copaene)；8. (*E*，*E*)-2,4-癸二烯醛[(*E*，*E*)-2，4-decadienal]；9. 氢环丙基偶氮苯(H-cycloprop[e]azulene)；10. 7,11-二甲基-3-亚甲基-1,6,10-十二碳三烯(7，11-dimethyl-3-methylene-1，6，10-dodecatriene)；11. 转-佛手柑烯(*trans*-α-bergamotene)；12. γ-榄香烯(γ-elemene)；13. (–)-斯帕土林醇[(–)- Spathulenol]；14. 3-醇，3,7,11-三甲基-1,6,10-十二碳三烯(3-ol，3，7，11-trimethyl-1，6，10-dodecatrien)；15. 3,5,6,8a-四氢-2,5,5,8a-四甲基，反式-2H-1-苯并吡喃(3，5，6，8a-tetrahydro-2，5，5，8a-tetramethyl-，*trans*-2H-1-benzopyran)；16. 棕榈酸(*n*-hexadecanoic acid)；17. 镰叶芹醇(falcarinol)；18. 硬脂酸(octadecanoic acid)

3.2　基本成分和特征成分比较

由于基本成分是某物种或品种生物学分类的参考依据，源自物种或品种的遗传性，显示出它们的亲缘关系，故对于存在亲缘性的物种或品种，其基本成分应相同，去除了基本成分后的剩余成分即是各物种或品种的特征成分。竹节参根及其毛状根共 18 种化合物为两者所共有，相对含量之和分别是 59.30%和 59.84%。但是，即使在基本成分层面，在遗传性为主的前提下也能见到变异性的影子。例如，基本成分的主体成分中毛状根含 7 种化合物，在基本成分中所占比例为 74.55%；竹节参根则含 6 种化合物，所占的比例为 71.49%。在次要成分与修饰成分层面，毛状根分别含 5 种和 6 种化合物，所占比例分别为 17.94%、7.50%；竹节参根则各含 6 种化合物，所占比例分别为 20.35%、8.16%。

在特征成分层面，两者间存在的主要是差异性，这种差异性表现在：首先是组成的化合物种类、数量全不同，其次是相对含量也不同。毛状根主体成分中仅 3 种化合物，相对含量之和为 19.82%，占特征成分的比例为 50.82%，其中 3-甲基丁酸的含量最高为 9.56%；次要成分共 7 种化合物，相对含量之和为 11.22%，所占比例为 28.77%。而在竹节参根中则相对均衡，主体成分共 3 种化合物，相对峰面积之和为 9.54%，所占比例为 24.27%；次要成分共 15 种化合物，相对含量之和为 24.04%，所占比例为 61.17%。

3.3 生物合成与转化

表 7-3 指出，在竹节参根精油中共检出并鉴定 40 种化合物，34 号、36 号同为 2,3,5,8-四甲基癸烷，属不同构象，故实际鉴定 39 种化合物；竹节参毛状根精油中共检出并鉴定 45 种化合物。按化学方式分类，可以发现两种精油中含量较高的类化合物是烯、酸、醇等。以酸为例，在根精油中共鉴定 8 种，毛状根精油中共鉴定 6 种，从酸结构中的碳链看有偶数碳、奇数碳及支链碳，故可推知，竹节参生长过程中存在乙酸-丙二酸生物合成途径（AA-MA 途径），而且该生物合成途径处于优势地位，起始物质不仅有乙酰 CoA，还有丙酰 CoA、异丁酰 CoA 等。烯类也是两种精油中含量甚高的化合物，在根精油中至少检出 10 种，毛状根精油中共检出 15 种，它们的含量分别是 28.10%和 32.64%，其中大多数是倍半萜，生物合成为甲戊二羟酸途径（MVA 途径），起始物质为焦磷酸二甲烯丙酯（DMP）及其异构体焦磷酸异戊烯酯（IPP），上述两类物质又都是由甲戊二羟酸变化而来的。此外，倍半萜的存在具有特征意义。例如，化学式为 $C_{15}H_{24}$ 的同分异构体中，根精油共有 11 种，相对峰面积之和为 30.92%；毛状根精油共有 13 种，相对峰面积之和为 34.07%。在人参精油挥发性的研究中，也有类似情况出现。依据不同学者的研究成果，指出倍半萜是人参挥发油的主要成分，这表明倍半萜种类较多、含量较高有可能是人参属植物精油化学成分的一个基本特征。除酸、烯外，醇类化合物的含量也较高，在 2 种精油中各检出 5 种醇类化合物，根精油中有 4 种为萜醇，毛状根精油中有 3 种为萜醇。另外，显示出较大差异的是黄酮类化合物，根精油中含量较低，仅为 0.67%，而在毛状根精油中则有 4.09%。此外，在根精油中检出酚、炔两类化合物，而在毛状根精油中则未检出（Zhang et al., 2011；赵荣飞等，2010）。

表 7-3　竹节参根与其毛状根中的精油成分及相对含量

编号	化合物名称	时间/min	分子式	相对含量/%	
				根	毛状根
1	2-ethoxy-propane	5.978	$C_5H_{12}O$	6.56	3.09
2	3-methyl-butanoic acid	6.328	$C_5H_{10}O_2$	9.56	—
3	octanal	7.025	$C_8H_{16}O$	1.76	0.88
4	propyl-propanedioic acid	7.608	$C_6H_{10}O_4$	0.90	0.71
5	3-methyl-pentanoic acid	8.051	$C_6H_{12}O_2$	0.56	—
6	(*E*)-2-octenal	8.542	$C_8H_{14}O$	0.42	—
7	benzeneacetaldehyde	9.825	C_8H_8O	0.49	—
8	hexanoic acid	10.448	$C_6H_{12}O_2$	11.60	13.92

续表

编号	化合物名称	时间/min	分子式	相对含量/%	
				根	毛状根
9	*n*-caproic acid vinyl ester	11.247	$C_8H_{14}O_2$	1.66	—
10	heptanoic acid	12.075	$C_7H_{14}O_2$	2.21	2.77
11	octanoic acid	12.739	$C_8H_{16}O_2$	4.27	2.77
12	copaene	12.748	$C_{15}H_{24}$	1.10	0.56
13	3-ol,3,7-dimethyl-1,7-octadien	12.982	$C_{10}H_{18}O$	0.83	—
14	tricyclo[2.2.10(2,6)]heptane	13.216	$C_{15}H_{24}$	2.37	—
15	(*E*,*E*)-2,4-decadienal	13.228	$C_{10}H_{16}O$	0.97	0.88
16	*trans*-α-bergamotene	14.604	$C_{15}H_{24}$	1.95	—
17	2-methyl-3methylene-2-(4-methyl-3-pentenyl)-(1*S*-exo)-bicyclo[2.2.1]heptane	14.667	$C_{15}H_{24}$	1.14	—
18	1H-cycloprop[e]azulene	14.920	$C_{15}H_{24}$	4.92	9.15
19	2-methyl-3-methylene-2-(4-methyl-3-pentenyl)-(1*S*-endo)-bicyclo[2.2.1]heptane	14.924	$C_{15}H_{24}$	0.59	—
20	7,11-dimethyl-3-methylene-1,6,10-dodecatriene,	15.133	$C_{15}H_{24}$	3.72	1.78
21	1,2,3,4,4a,5,6,8a-octahydro-4a,8-dimethyl-2-(1-methylethenyl)-naphthalene	15.275	$C_{15}H_{24}$	1.62	1.78
22	*trans*-α-bergamotene	15.876	$C_{15}H_{24}$	1.86	1.05
23	[4.1.0]-3-heptene,2-isopropenyl-5-isopropyl-7,7-dimethyl-bicyclo	16.323	$C_{15}H_{24}$	5.89	—
24	*γ*-elemene	17.244	$C_{15}H_{24}$	0.76	3.16
25	*α*-calacorene	17.267	$C_{15}H_{20}$	0.25	—
26	1-(4-hydroxy-3-methoxyphenyl)-ethanone	18.307	$C_9H_{10}O_3$	0.66	—
27	(–)-Spathulenol	18.342	$C_{15}H_{24}O$	2.71	9.96
28	3-ol,3,7,11-trimethyl- 1,6,10-dodecatrien	18.676	$C_{15}H_{26}O$	0.49	2.11
29	1,5-diisopropyl-2,3-dimethyl-cyclohexane	18.789	$C_{14}H_{28}$	0.83	—
30	2-pentadecyn-1-ol	19.014	$C_{15}H_{28}O$	0.76	—
31	3,4,5,6-tetramethyl-octane	19.029	$C_{12}H_{26}$	0.56	—
32	3,5,6,8a-tetrahydro-2,5,5,8a-tetramethyl-,*trans*-2H-1-benzopyran	19.036	$C_{13}H_{20}O$	0.46	0.88
33	[2,1-b]furan-2(1H)-one，decahydro-8-hydroxy-3a,6,6,9atetramethyl-naphtho	19.474	$C_{16}H_{26}O_3$	0.97	—
34	2,3,5,8-tetramethyl-decane	19.951	$C_{14}H_{30}$	0.52	—
35	n-hexadecanoic acid	21.822	$C_{16}H_{32}O_2$	3.10	3.50
36	2,3,5,8-tetramethyl-decane	22.408	$C_{14}H_{30}$	0.70	—
37	falcarinol	22.507	$C_{17}H_{24}O$	10.04	1.70
38	8-en-2-one-oxacycloheptadec	22.519	$C_{16}H_{28}O_2$	1.18	

续表

编号	化合物名称	时间/min	分子式	相对含量/%	
				根	毛状根
39	octadecanoic acid	22.962	$C_{18}H_{36}O_2$	0.87	0.97
40	tetratetracontane	23.086	$C_{44}H_{90}$	1.49	—
41	heptanal	23.158	$C_7H_{14}O$	—	0.71
42	2-methyl-1-hepten-6-one	23.681	$C_8H_{14}O$	-	0.38
43	1,7-octadiene	23.705	C_8H_{14}	—	0.47
44	3,3,5-trimethyl-1,4-hexadiene	24.175	C_9H_{16}	—	0.47
45	5-(pentyloxy)-,(*E*)-2-pentene	24.197	$C_{10}H_{20}O$	—	1.23
46	(*Z*)2-nonenal	25.196	$C_9H_{16}O$	—	1.13
47	1-methyl-4-(2-methyloxiranyl)-7-oxabicyclo[4.1.0]heptane	25.162	?	—	0.72
48	tridecane	26.301	$C_{13}H_{28}$	—	0.64
49	aristolene	27.563	$C_{15}H_{24}$	—	1.13
50	1,2,4a,5,6,7,8,9,9a-octahydro-3,5,5-trimethyl-9-methylene-hbenzocycloheptene	27.781	$C_{15}H_{24}$	—	1.05
51	aromadendrene	27.782	$C_{15}H_{24}$	—	1.70
52	thujopsene	28.432	$C_{15}H_{24}$	—	2.18
53	1,2,3,4,4a,5,6,8a-octahydro-4a,8-dimethyl-2-(1-methylethenyl)-,naphthalene	28.901	$C_{15}H_{24}$	—	3.08
54	3,7,11-trimethyl-,(*Z*, *E*)-1,3,6,10-dodecatetraene	29.135	$C_{15}H_{24}$	—	1.18
55	3,7,7-trimethyl-11-methylene-spiro[5.5]undec-2-ene	29.421	$C_{15}H_{24}$	—	1.95
56	2,4a,5,6,7,8-hexahydro-3,5,5,9-tetramethyl-,(*R*)-1H benzocycloheptene	29.737	$C_{15}H_{24}$	—	3.12
57	2,10-dimethyl-undecane	29.929	$C_{13}H_{28}$	—	1.21
58	3-dodecylcyclohexanone	30.275	$C_{18}H_{34}O$	—	1.54
59	epiglobulol	30.438	$C_{15}H_{26}O$	—	0.64
60	2,4-undecadien-1-ol	30.638	$C_{11}H_{22}O$	—	1.29
61	9-octyl-heptadecane	30.674	$C_{25}H_{52}$	—	1.5
62	4-methoxy-2(1H)-quinolone	31.018	$C_{10}H_9NO_2$	—	1.29
63	2,4-bis(1,1-dimethylethyl)-Phenol	31.329	$C_{14}H_{22}O$	—	0.97
64	1,2-benzenedicarboxylic acid，butyl 2-ethylhexyl ester	31.650	$C_{20}H_{30}O_4$	—	1.29
65	tridecane，1-iodo	31.849	$C_{13}H_{27}I$	—	1.38
66	2-tetradecyne	31.865	$C_{14}H_{26}$	—	0.72
67	eicosane	31.941	$C_{20}H_{42}$	—	1.42

第四篇　竹节参三萜皂苷基因工程与代谢调控

为阐明竹节参皂苷代谢合成的分子机制以提高其含量的遗传改良，本篇系统开展了竹节参三萜皂苷生物合成途径上关键酶基因鲨烯合酶(SS)的克隆和功能解析，研究了 *SS* 基因的表达与竹节参三萜皂苷积累的关系；构建了高效植物表达载体，转化烟草以调控关键酶基因 *SS* 的表达，阐明 *SS* 基因在三萜皂苷生物合成中的分子调控机制；分析了竹节参转录组通用密码子的偏好性。这些研究为提高竹节参三萜皂苷含量提供调控靶点，实现富含三萜皂苷的竹节参生产栽培奠定理论基础(Zhang and Huang，2016；Zhang ang Wang，2016；Zhang and Sun，2014)。

第八章　竹节参三萜皂苷代谢基因工程

三萜皂苷的生物合成途径以甲羟戊酸途径(mevalonate pathway，MVA pathway)为主，在细胞质中进行。但近年的研究发现，存在于质体中的DOXP/MEP途径可以有少量代谢物质在质体膜上进行交换，进入细胞质中而合成三萜皂苷。图8-1是三萜皂苷的生物合成途径路线图，根据路线图，将三萜皂苷的生物合成分成4个阶段。第一阶段是从MVA途径的乙酰CoA或者DOXP途径的丙酮酸和三磷酸甘油醛开始，到异戊二烯焦磷酸(IPP)的生成，此过程是三萜皂苷生物合成的上游(前体的合成反应)，包括缩合、焦磷酸化、脱羧和脱水等反应步骤，涉及的酶有乙酰CoA酰基转移酶(AACT)、HMG-CoA合成酶(HMGS)、HMG-CoA还原酶(HMGR)、甲羟戊酸激酶(MK)、磷酸甲羟戊酸激酶(MPK)、焦磷酸甲羟戊酸脱羧酶(DMC)。第二阶段是从IPP开始到法尼基焦磷酸(FPP)的形成，首先IPP在IPP异构酶(IPI)的作用下形成二甲基烯丙基焦磷酸(DMAPP)，再由IPP和DMAPP以“头-尾”或“头-头”方式缩合成香叶基焦磷酸(GPP)，GPP再分别与第二个、第三个IPP缩合成法呢基焦磷酸(FPP)和香叶基香叶基焦磷酸(GGPP)，此反应使碳链不断加长而形成不同的中间体，进而生成各种萜类。与反应相关的酶有GPP合成酶(GPPS)、FPP合成酶(FPPS)和GGPP合成酶(GGPPS)，第二阶

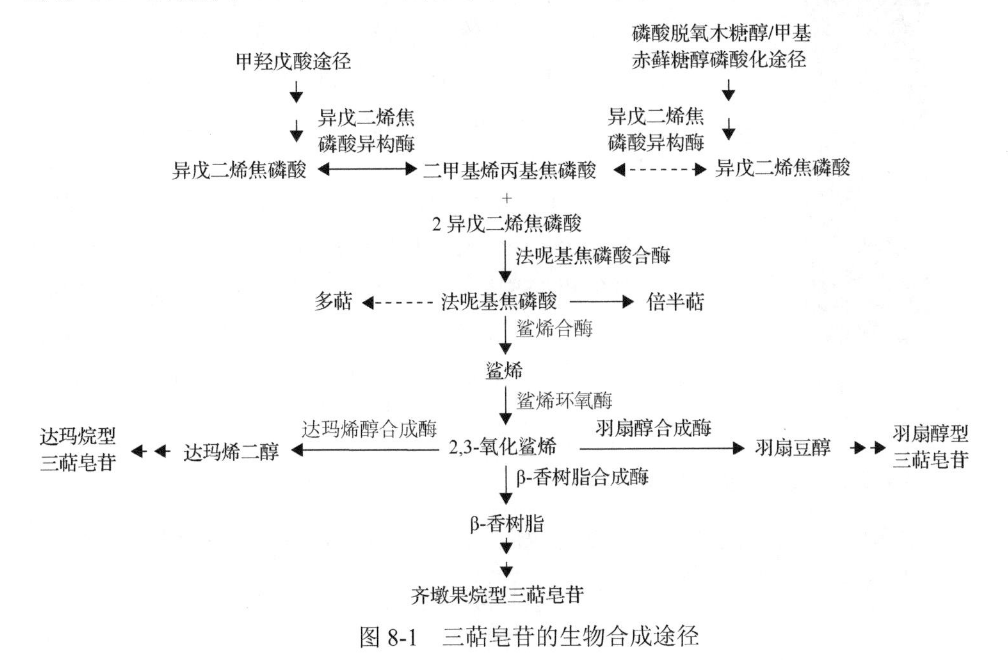

图8-1　三萜皂苷的生物合成途径

段为三萜皂苷合成的中游(中间体的形成)。第三阶段是从 FPP 开始到 2,3-氧环鲨烯(squalene 2,3-oxide)的合成结束，首先是 FPP 在鲨烯合酶(SS)的作用下形成鲨烯，再在氧环鲨烯合酶(SE)的作用下形成 2,3-氧环鲨烯。第四个阶段是 2,3-氧环鲨烯在鲨烯环化酶(OSC)基因家族，即羽扇醇合成酶(LS)、β-香树脂合成酶(β-AS)、达玛烯二醇合成酶(DS)的作用下，形成各自不同的三萜皂苷前体物质，再由不同前体物质形成不同类型的三萜皂苷。众多研究指出，在三萜皂苷生物合成途径上，SS 在其前期的共同代谢途径中起到关键性作用，鲨烯(SQ)是所有三萜皂苷的共同前体，由 SS 催化合成，该反应是三萜皂苷生物合成的第一个关键步骤，SS 是其合成途径中的一个重要调控酶，调控 SS 的活性会直接影响 SQ 的合成，以及进一步影响以 SQ 作为前体的三萜皂苷的合成，其含量和活性决定了三萜皂苷下游产物的表达量和产量。

第一节　*SS* 基因的克隆及组织表达谱

1.1　RNA 的提取与检测

以竹节参无菌苗叶片为材料，按 RNA plant(mini) Kit(上海华舜生物技术公司)操作说明书提取 RNA。按照 TaKaRa RNA PCR Kit(AMV) Ver.3.0 试剂盒操作说明，将竹节参总 RNA 反转录合成 cDNA 第一链。其反应体积为：2μL $MgCl_2$、1μL 10×RT 缓冲液、3.75μL 无核糖核酸酶处理水、1μL dNTP 混合液、0.25μL RNase 抑制剂、0.5μL Oligo dT-Adaptor 引物、0.5μL AMV 反转录酶和 1μL RNA 样品。所有试剂混匀后在 PCR 仪上 42℃保温 60min，99℃反应 5min，5℃放置 5min，终止反应后，将反应产物于−20℃储存备用。

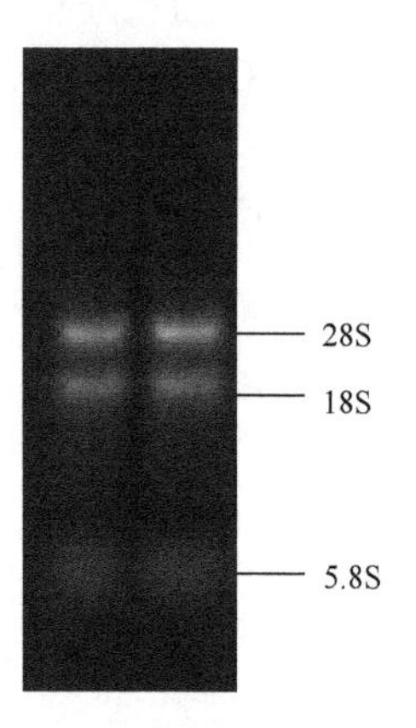

图 8-2　竹节参总 RNA 电泳图

取 1μL 提取的竹节参总 RNA 经 1%的琼脂糖凝胶电泳检测，结果(图 8-2)显示，能清楚地看到两条带(28S 和 18S)，其亮度比接近 2:1，第三条带较为暗淡。经分光光度计检测，RNA 吸光度 OD_{260}/OD_{280} 在 1.85～2.00，表明所提取的 RNA 较为完整、质量较好，能够满足下游实验要求。

1.2　*SS* 基因核心片段的扩增

根据已报道的其他物种的 *SS* 基因进行同源序列的比对，并根据保守区域用 Oligo7.0 引物设计软件设计合成简并引物：

上游 fSS: 5′—GGCCTCGCCAGATTTGGAGTAAA—3′;

下游 rSS: 5′—GCAATCAGGGCTGAATTGTGTCC—3′。

在200μL离心管中加入1μL竹节参cDNA、5μL 10×EX Taqase PCR缓冲液、3μL 25mmol/L $MgCl_2$、1μL 10mmol/L dNTP、1μL 10μmol/L fSS、1μL 10μmol/L rSS、0.5μL(2.5U) *Taq* DNA聚合酶(TaKaRa EX Taq)和37.5μL ddH_2O，总体积为50μL，用枪头轻微混匀后短暂离心，放入PCR仪进行反应。反应条件如下：94℃预变性4min，30个扩增循环(94℃变性45s，66℃退火45s，72℃延伸2min)，72℃继续延伸10min。取10μL PCR产物经琼脂糖/1×TAE凝胶电泳和紫外检测，目的条带用凝胶提取试剂盒纯化回收并电泳检测。取纯化后的SS胶回收DNA 4μL、Solution I 5μL与质粒pCXSN 1μL，于16℃连接过夜并转化大肠杆菌DH5α，进行亚克隆并测序。

经1%的琼脂糖凝胶电泳检测得到大约500bp的特异性片段(图8-3)。经回收、转化和测序得到该片段的核苷酸序列，通过NCBI在线Blast N比对，与人参(*Panax ginseng*)、三七(*Panax notoginseng*)、西洋参(*Panax quinquefolius*)的相似性较高，达99.5%，表明PCR所扩增的片段是竹节参*SS*基因的核心片段。

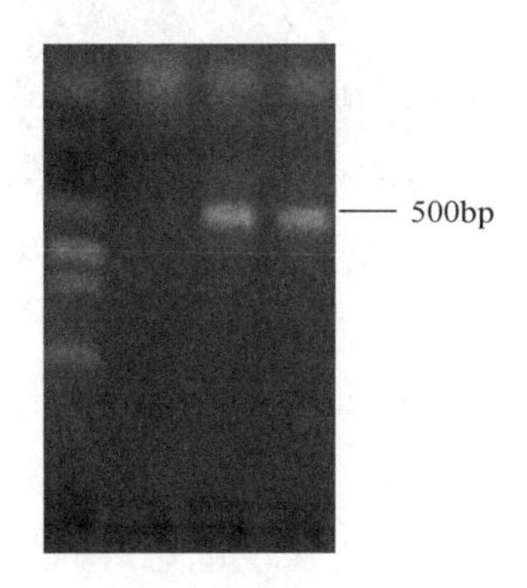

图8-3　竹节参*SS*基因的核心片段

1.3　*SS*基因3′和5′-RACE片段的扩增

根据已获得的竹节参*SS*基因的核心片段序列，用Oligo6.0和DNAStar软件设计用于扩增*SS*基因3′端和5′端片段的巢式RACE引物SS 3′-1和SS 3′-2，SS 5′-1和SS 5′-2。引物SS 3′-1、SS 3′-2、3′-RACE Outer Primer、3′-RACE Inner Primer(TaKaRa 3/-Full RACE Core Set.2.0自带)，以及引物SS 5′-1、SS 5′-2、5/RACE Outer Primer、5/RACE Inner Primer(TaKaRa 5/-Full RACE Kit，TaKaRa Code: D315自带)的系列如下：

SS 3′-1：5′—TGCTGAAGTCCAAGGTTGACAA—3′;

SS 3′-2：5′—GAGTCAGGACACAATTCAGCCC—3′;

3′-RACE Outer Primer:5′—TACCGTCGTTCCACTAGTGATTT—3′;

3′-RACE Inner Primer:5′—CGCGGATCCTCCACTAGTGATTTCACTATA-GG—3′;

SS 5′-1：5′—CCGGAAGATAGCAGGATCTCGC—3′;

SS 5′-2：5′—GTCATTCAGGCACTGCACTGCC—3′;

5′-RACE Outer Primer：5′—CATGGCTACATGCTGACAGCCTA—3′;

5′-RACE Inner Primer：5′—CGCGGATCCACAGCCTACTGATGATCAGTC-GATG—3′

按照 TaKaRa 3′-Full RACE Core Set.2.0 和 TaKaRa 5′-Full RACE Kit 试剂盒进行合成。电泳结束后分别经回收、转化和测序得 3′端和 5′端片段的核苷酸序列片段大小为 450bp 和 400bp 左右(图 8-4、图 8-5)。

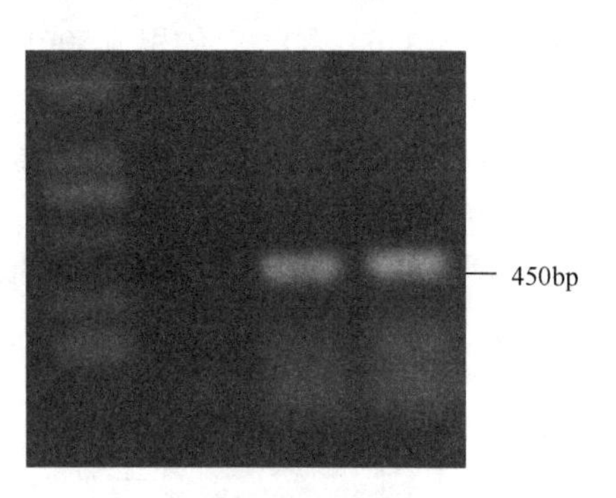

图 8-4　竹节参 *SS* 基因 3′端片段

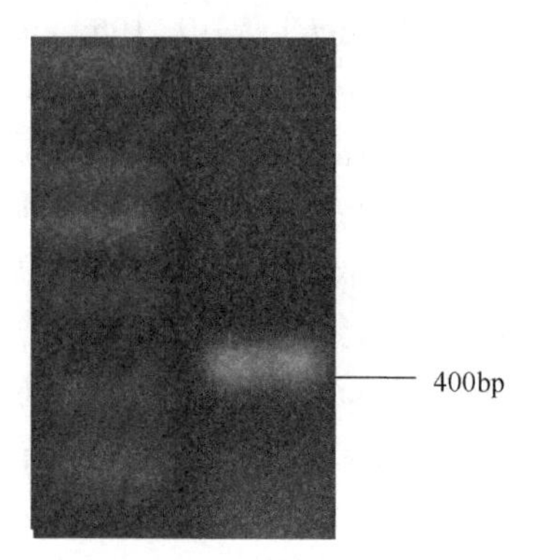

图 8-5　竹节参 *SS* 基因 5′端片段

1.4　*SS* 基因全长的扩增

将获得的竹节参 *SS* 基因的核心片段、3′端片段和 5′端片段在 Vector NTI Suite 8 中进行拼接，得到该基因的电子全长。根据全长序列设计引物 Full-F-SS 和 Full-R-SS，并送往南京金斯瑞生物科技有限公司进行合成。引物系序列如下：

Full-F-SS:5′—TAGAGAGAAAATGGGAAGTTTGGGG—3′;

Full-R-SS:5′—GAACTGGGGTTCTCACTGTTTGTTC—3′。

在 200μL 离心管中加入 1μL 竹节参 cDNA、5μL10×EX Taqase PCR 缓冲液、3μL 25mmol/L $MgCl_2$、1μL 10mmol/L dNTP、1μL 10μmol/L F-SS、1μL 10μmol/L R-SS、0.5μL(2.5U) *Taq* DNA 聚合酶(TaKaRa EX Taq)和 37.5μL ddH_2O，总体积为 50μL，用枪头轻微混匀后短暂离心，放入 PCR 仪进行反应。反应条件如下：94℃预变性 4min，30 个扩增循环(94℃变性 45s，66℃退火 45s，72℃延伸 2min)，72℃继续延伸 10min。取 10μL PCR 产物经琼脂糖/1×TAE 凝胶电泳和紫外检测，目的条带用 Biospin Gel Extraction Kit 胶回收试剂盒(BioFlux)纯化回收并电泳检测。取纯化后的 SS 胶回收 DNA 4μL、Solution I 5μL 与质粒 pCXSN 1μL，于 16℃连接过夜并转化大肠杆菌 DH5α，进行亚克隆并测序。在 56.9℃条件下，经 PCR 扩增、电泳检测、回收、转化和测序得到与拼接全长 cDNA 一致的序列(图 8-6)。

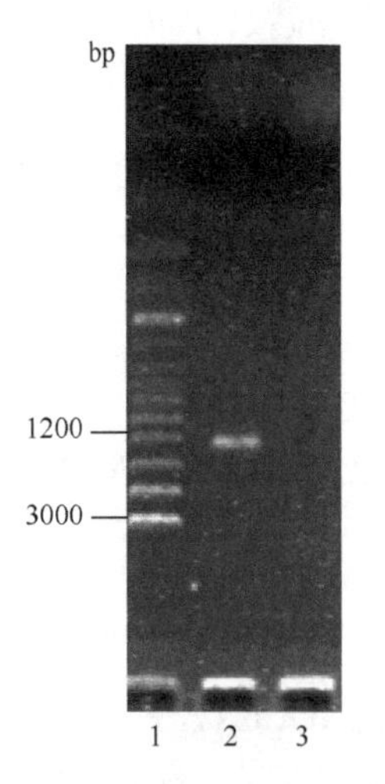

图 8-6　竹节参 *SS* 基因的全长

1.5　组织表达谱

用半定量 RT-PCR 对 *PjSS* 基因在竹节参根、地上茎、叶和地下块茎中的表达情况进行分析，实验结果(图 8-7)表明，*PjSS* 基因在竹节参的根、地上茎、叶和地下块茎中均有不同程度的表达，其中地下块茎的表达量最大、根次之、地上茎和叶最小。*PjSS* 基因这一表达结果与三萜皂苷在竹节参根、地上茎、叶和地下块茎中的合成相一致，同时也表明，竹节参三萜皂苷的合成受到 *PjSS* 基因的调控，其调控水平在不同器官中有所差异。

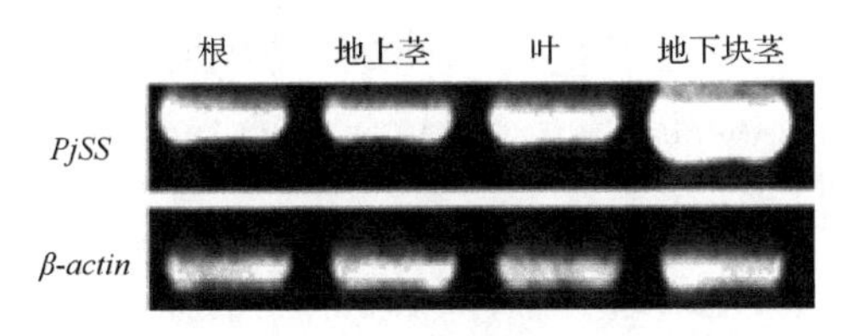

图 8-7　*PjSS* 基因在不同器官中的表达

第二节　*SS* 基因的生物学信息

2.1　基因全长 cDNA 序列

应用 Vector NTI8.0 和 DNAMAN 软件对竹节参 *SS* 基因全长 cDNA 序列进行分析，结果如图 8-8 所示。从竹节参 cDNA 中扩增出 *SS* 基因全长为 1353bp，包括 45bp 的 5′-UTR，60bp 3′-UTR 和 1248bp 的 ORF。在 ORF 内包含起始密码子 ATG 和终止密码子 TAA，整个 ORF 编码 415 个氨基酸。

2.2　氨基酸序列与其他物种多重比对

在 NCBI 中的 Blast P 比对表明，竹节参 SS 氨基酸序列与人参、三七、西洋参、积雪草(*Centella asiatica*)、柴胡(*Bupleurum chinense*)、甘草(*Glycyrrhiza uralensis*)、辣椒(*Capsicum annuum*)、烟草(*Nicotiana tabacum*)、玉蜀黍黑粉菌(*Ustilago maydis*)、金黄色葡萄球菌(*Staphylococcus aureus* subsp. *aureus* JH1)(GenBank 序列编号依次为 ABD08242.1、ABA29019.1、CAJ58418.1、AAV58897.1、ACX42425.1、ACS66750.1、AAD20626.1、AAB02945.1、CAA68654.1、YP-001013022.1)的同源性依次为 100%、99%、94%、92%、92%、88%、86%、81%、28%、19%。表明根据人参、三七、西洋参设计间并引物所克隆的 *SS* 基因编码的氨基酸序列与人参、三七、西洋参同源性较高，均为 90%以上，进一步证明该基因为竹节参 *SS* 基因，结果准确可信。用软件 Vector NTI Suite 8 对竹节参和上述物种的 SS 氨基酸序列

进行比对，结果见图 8-9。可以清晰看出，除玉蜀黍黑粉菌和金黄色葡萄球菌外，竹节参 SS 氨基酸序列与其他物种具有较高同源区域，氨基酸残基的保守性较高，推测可能是 *SS* 基因的功能结构域。

```
                          tcgacttcgttttgcatctttatcgaatccatatatagagagaaaa
1     ATGGGAAGTTTGGGGGCAATTCTGAAGCATCCGGAAGATTTCTATCCGTTGTTGAAGCTT
       M  G  S  L  G  A  I  L  K  H  P  E  D  F  Y  P  L  L  K  L
61    AAATTTGCGGCTAGGCATGCGGAAAAGCAGATCCCTCCGGAGCCACACTGGGCCTTCTGT
       K  F  A  A  R  H  A  E  K  Q  I  P  P  E  P  H  W  A  F  C
121   TACTCTATGCTTCATAAAGTTTCTCGAAGTTTCGGCCTCGTCATTCAACAGCTCGGCCCT
       Y  S  M  L  H  K  V  S  R  S  F  G  L  V  I  Q  Q  L  G  P
181   CAGCTCCGCGATGCTGTATGCATTTTTTATTTGGTTCTTCGAGCACTTGACACTGTTGAG
       Q  L  R  D  A  V  C  I  F  Y  L  V  L  R  A  L  D  T  V  E
241   GATGACACAAGTATACCTACAGAGGTTAAAGTACCTATCTTGATGGCTTTTCATCGCCAC
       D  D  T  S  I  P  T  E  V  K  V  P  I  L  M  A  F  H  R  H
301   ATATATGATAAGGACTGGCACTTTTCATGTGGTACGAAGGAATACAAAGTTCTCATGGAC
       I  Y  D  K  D  W  H  F  S  C  G  T  K  E  Y  K  V  L  M  D
361   GAGTTTCATCATGTTTCTAATGCTTTTCTTGAGCTTGGAAGCGGTTACCAGGAGGCAATA
       E  F  H  H  V  S  N  A  F  L  E  L  G  S  G  Y  Q  E  A  I
421   GAAGATATTACCATGAGAATGGGTGCAGGAATGGCAAAATTTATATGCAAGGAGGTGGAG
       E  D  I  T  M  R  M  G  A  G  M  A  K  F  I  C  K  E  V  E
481   ACAATAAATGATTATGATGAATATTGTCACTATGTAGCAGGACTTGTTGGATTAGGGTTG
       T  I  N  D  Y  D  E  Y  C  H  Y  V  A  G  L  V  G  L  G  L
541   TCAAAGCTCTTCCATGCCTCTGGGGCAGAAGATTTGGCTACAGATTCTCTGTCCAATTCA
       S  K  L  F  H  A  S  G  A  E  D  L  A  T  D  S  L  S  N  S
601   ATGGGTTTATTTCTCCAGAAGACAAACATAATTCGAGATTACTTGGAGGACATAAATGAG
       M  G  L  F  L  Q  K  T  N  I  I  R  D  Y  L  E  D  I  N  E
661   ATACCAAAGTCACGCATGTTTTGGCCTCGCCAGATTTGGAGTAAATATGTCGATAAACTT
       I  P  K  S  R  M  F  W  P  R  Q  I  W  S  K  Y  V  D  K  L
721   GAGGACTTGAAATATGAGGAAAACTCAGCCAAGGCAGTGCAGTGCCTAAATGACATGGTC
       E  D  L  K  Y  E  E  N  S  A  K  A  V  Q  C  L  N  D  M  V
781   ACAGATGCTTTGGTTCATGCTGAAGATTGCCTAAAGTACATGTCTGACTTGCGAGGTCCT
       T  D  A  L  V  H  A  E  D  C  L  K  Y  M  S  D  L  R  G  P
841   GCTATCTTCCGGTTCTGTGCAATACCACAGATTATGGCAATTGGAACACTAGCTTTATGC
       A  I  F  R  F  C  A  I  P  Q  I  M  A  I  G  T  L  A  L  C
901   TTTAACAACACTCAAGTCTTCAGAGGGGTAGTGAAAATGAGACGTGGTCTTACTGCTAAA
       F  N  N  T  Q  V  F  R  G  V  V  K  M  R  R  G  L  T  A  K
961   GTTATTGACCAAACAAAAACAATGTCAGATGTATATGGTGCTTTCTTCGATTTTTCTTGT
       V  I  D  Q  T  K  T  M  S  D  V  Y  G  A  F  F  D  F  S  C
1021  TTGCTGAAGTCCAAGGTTGACAACAATGATCCCAATGCTACAAAAACTTTGAGCAGGCTA
       L  L  K  S  K  V  D  N  N  D  P  N  A  T  K  T  L  S  R  L
1081  GAAGCAATTCAGAAAACATGCAAGGAGTCTGGAACCCTGTCCAAAAGGAAATCATACATA
       E  A  I  Q  K  T  C  K  E  S  G  T  L  S  K  R  K  S  Y  I
1141  ATCGAGAGCGAGTCAGGACACAATTCAGCCCTGATTGCTATTATCTTCATTATACTAGCT
       I  E  S  E  S  G  H  N  S  A  L  I  A  I  I  F  I  I  L  A
1201  ATCCTTTATGCATATCTATCTTCAAACCTACTACTGAACAAACAGTGActatcttcaaac
       I  L  Y  A  Y  L  S  S  N  L  L  L  N  K  Q  *
      ctactactgaacaaacagtgagaacacagttcatgactggatgcatct
```

图 8-8　竹节参 SS 核苷酸序列及推测的氨基酸序列

编码区和翻译的氨基酸用大写字母表示，终止密码用*表示，UTR 用小写字母表示

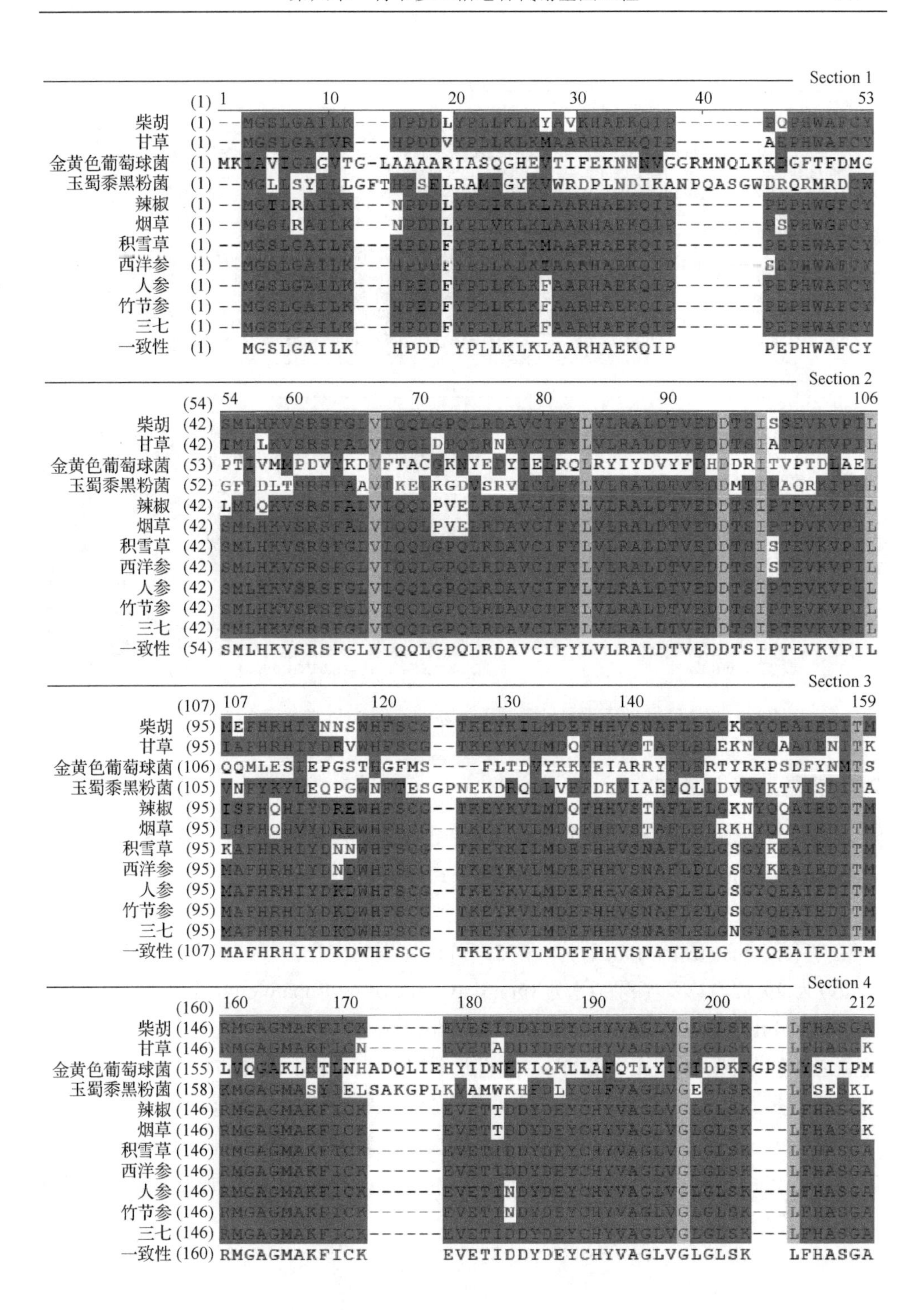
Section 1
柴胡
甘草
金黄色葡萄球菌
玉蜀黍黑粉菌
辣椒
烟草
积雪草
西洋参
人参
竹节参
三七
一致性
Section 2
Section 3
Section 4

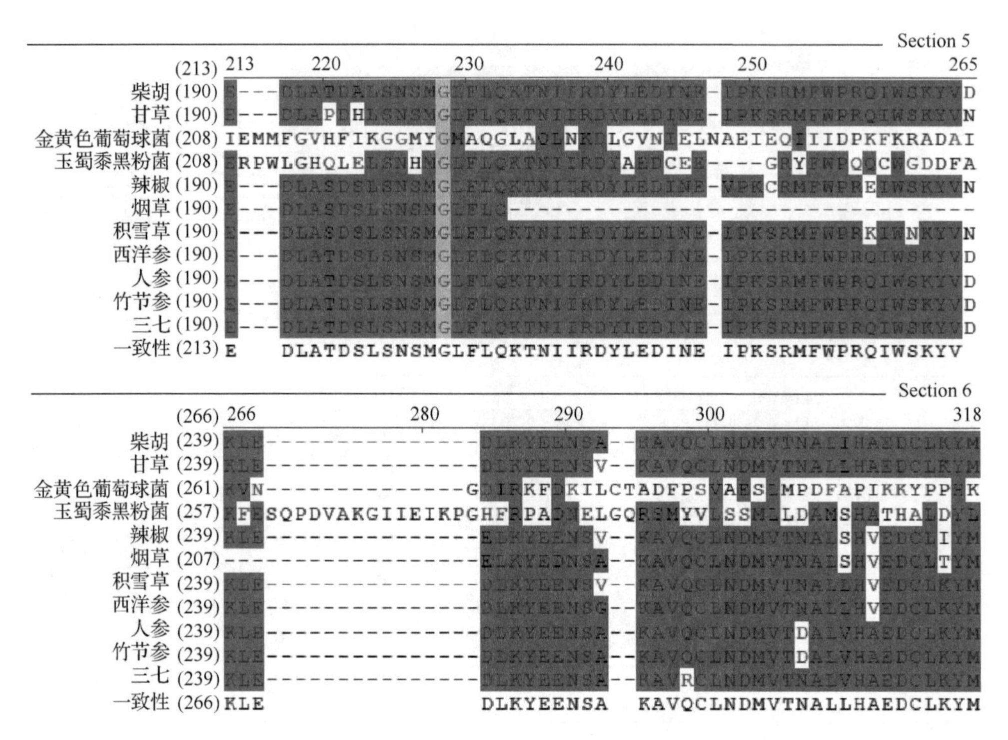

图 8-9 竹节参 SS 氨基酸序列与其他物种多重比对(彩图请扫封底二维码)

2.3 氨基酸理化性质

通过 http://expasy.org 中的在线工具 ProtParam 分析显示，竹节参 SS 分子质量(molecular weight)为 109 559.7kDa，分子式(formula)为 $C_{4054}H_{6790}N_{1320}O_{1706}S_{257}$，原子个数(total number of atoms)为 14 127，等电点(theoretical pI)为 4.96。蛋白质不稳定系数(instability index)为 44.25，可视为不稳定蛋白质。酯化系数(aliphatic index)为 29.32，总氨基酸亲水性(grand average of hydropathicity)为 0.722。

通过 http://expasy.org 中的在线工具 ProtScale 分析其亲水性/疏水性。结果指出，SS 氨基酸残基中 A57(G)的亲水性最强(MIN: -0.5)，A1017(T)和 A1018(C)的疏水性最强(MAX: 2.033)。图 8-10 显示，疏水氨基酸的数量远远大于亲水氨基酸的数量，故推断竹节参 SS 为疏水性蛋白质。氨基酸的疏水性是其固有的生化特性，在蛋白质结构内部由于其疏水作用，在形成和维持蛋白质的三级空间结构方面具有重要作用。

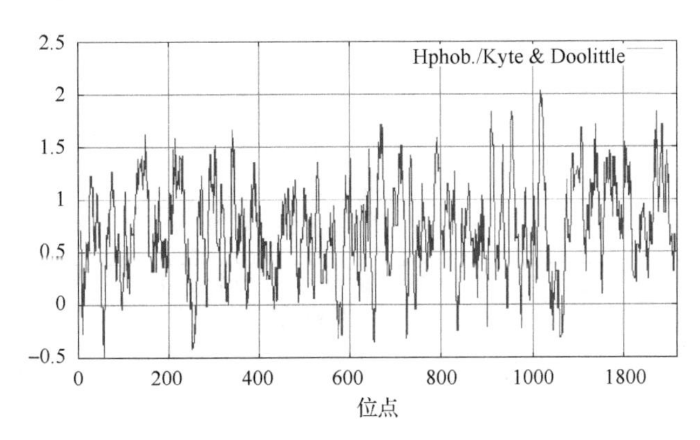

图 8-10　竹节参 SS 氨基酸亲水性与疏水性(彩图请扫封底二维码)

2.4　氨基酸翻译后磷酸化修饰

通过 http://www.cbs.dtu.dk/services/在线工具 NetPhos 对 SS 氨基酸中的丝氨酸(serine)、酪氨酸(tyrosine)和苏氨酸(threonine)翻译后磷酸化修饰进行预测，结果见图 8-11。从 3 种氨基酸的磷酸化值大于阀值(0.5)位点的氨基酸来看，有 9 个丝氨酸需磷酸化，位于 48、198、249、344、358、370、374、378、385；4 个苏氨酸需磷酸化，位于 78、83、318、366；4 个酪氨酸需要进行磷酸化，分别位于 15、236、245、273。同理可知，SS 氨基酸中的天冬酰胺(asparagines)翻译后需进行 *N*-糖基化修饰，其位点在 302 和 352，见图 8-12。在核糖体上合成的蛋白质经过磷酸化、甲基化、糖基化等修饰作用才能折叠为正确的三维空间结构，并输送到特定部位发挥特定作用。对竹节参 SS 翻译后的蛋白质修饰预测，有助于正确认识和理解 SS 蛋白质构象的形成。

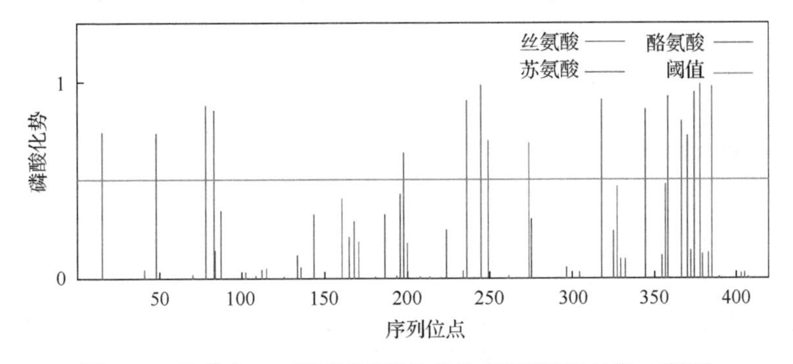

图 8-11　竹节参 SS 翻译后磷酸化修饰(彩图请扫封底二维码)

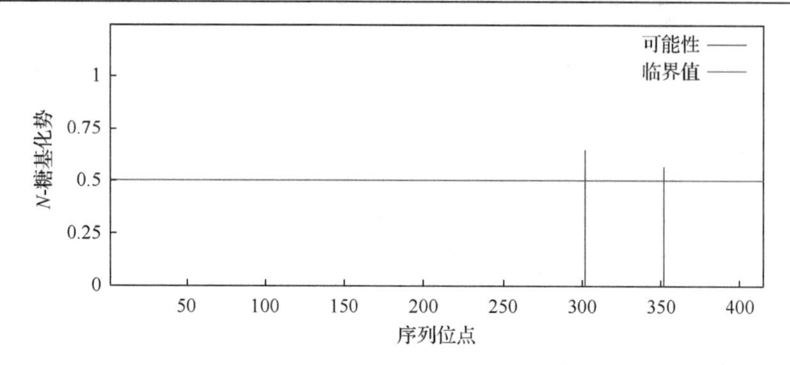

图 8-12　竹节参 SS 翻译后 *N*-糖基化修饰(彩图请扫封底二维码)

2.5　信号肽

一般情况下，蛋白质 N 端有一段由 16～26 个氨基酸残基组成的信号肽，在其引导下其他蛋白质转运到不同的细胞器或细胞质基质中的特定场所发挥作用。通过 http://www.cbs.dtu.dk/services/在线工具 SignalP 预测竹节参 SS 氨基酸的信号肽，结果(表 8-1、图 8-13)指出，信号肽预测的各项指标都低于其阈值，

表 8-1　竹节参 SS 信号肽预测指标参数

指标	氨基酸残基位置	预测值	信号肽阈值	能否表明信号肽存在
最大原始剪切位点分值(max. C)	28	0.102	0.32	否
最大综合剪切位点分值(max. Y)	28	0.041	0.33	否
最大信号肽分值(max. S)	7	0.162	0.87	否
平均信号肽分值(mean S)	1～27	0.067	0.48	否
平均信号肽分值与最大综合剪切位点分值的平均值(mean D)	1～27	0.054	0.43	否

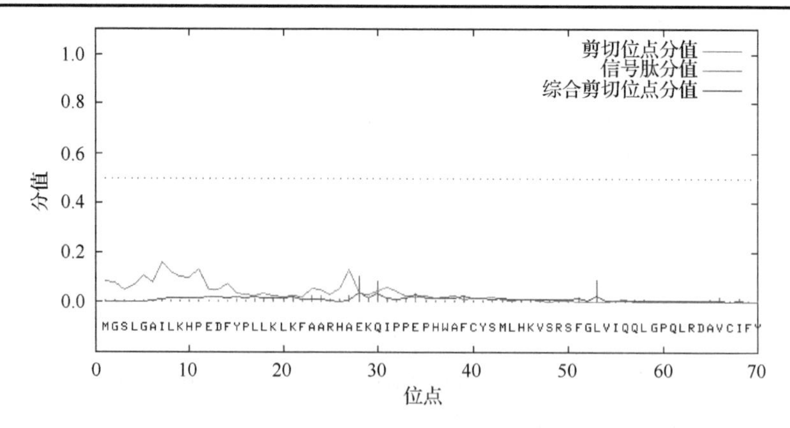

图 8-13　竹节参 SS 信号肽预测(彩图请扫封底二维码)

表明竹节参 SS 氨基酸信号肽不明显。也就是说，竹节参 SS 的转运不是在其氨基酸信号肽的引导下进行，而是由其他因素所调控，这对于正确认识和分析其蛋白质的亚细胞定位及结构域具有重要参考价值。

2.6　亚细胞定位

通过 http://www.cbs.dtu.dk/services/在线工具 Target P 进行竹节参 SS 亚细胞定位预测，结果(表 8-2)指出，竹节参 SS 定位于叶绿体[叶绿体转运肽(chloroplast transit peptide，cTP)]、线粒体[线粒体转运肽(mitochondrion transit peptide，mTP)]和分泌途径(secretory pathway，SP)。但都没有超过 0.9 的水平线，可见这与其信号肽预测不明显吻合。从表 8-2 同时还可以看出，无论在 0.9 水平还是在 0.95 的水平，mTP 的预测值较大，并且在动物、植物中均可准确定位。

表 8-2　竹节参 SS 亚细胞定位

要求特异性水平	类别	Cut-offs	
		植物	非植物
0.95	叶绿体转运肽	0.73	—
	线粒体转运肽	0.86	0.78
	分泌途径	0.43	0.00
	其他	0.84	0.73
0.90	叶绿体转运肽	0.62	—
	线粒体转运肽	0.76	0.65
	分泌途径	0.00	0.00
	其他	0.53	0.52

2.7　跨膜结构域

通过 http://expasy.org 中的在线工具 TMHMM 2.0 对竹节参 SS 进行跨膜结构域预测，结果(图 8-14)表明，在 SS 氨基酸中存在两个跨膜结构域，第一个在 A_{281} 至 N_{303} 之间；第二个在 S_{385} 至 S_{407} 之间，可见竹节参 SS 的两个跨膜结构域均由 22 个氨基酸残基组成，是膜中蛋白质与膜脂结合的主要部位。通过对竹节参 SS 跨膜结构域预测，对其蛋白质的结构、功能和分类具有一定的指导意义。

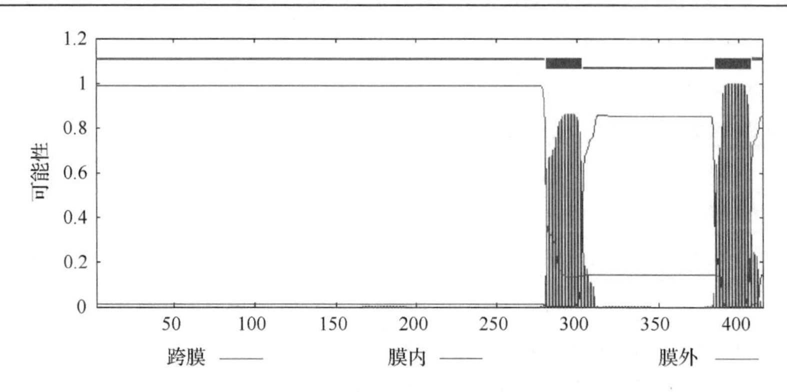

图 8-14　竹节参 *SS* 基因跨膜结构域（彩图请扫封底二维码）

2.8　Domain 功能结构域

通过 http://smart.embl-heidelberg.de/中的在线工具 Normal SMART MODE 对竹节参 SS 氨基酸的功能结构域进行预测（图 8-15），指出竹节参 SS 的氨基酸有两个跨膜功能结构域，第一个结构域在 281 和 303 之间，其序列为 AIFRFCAIPQIMAIGTLALCFNN；第二个结构域在 385 和 407 之间，序列为 SGHNSALIAIIFIILAILYAYLS。在这两个功能结构域中蕴含相应的遗传信息，行使不同的功能，同时这一结果与跨膜结构预测完全吻合，进一步证实结构和功能的一致性原则。

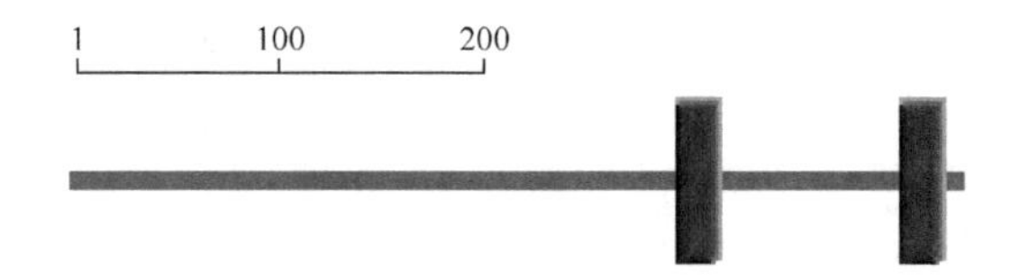

图 8-15　竹节参 SS 功能结构域

2.9　Motif 结构

通过 http://myhits.isb-sib.ch/cgi-bin/index 在线工具 Query→Motif Scanf 对竹节参 SS 的氨基酸进行 Motif 结构分析指出，竹节参 SS 的氨基酸有 8 个 Motif 结构位点，一般在 9 至 378 之间，由 369 个氨基酸构成，该区域也存在于其他植物中，具有较高的保守性，是 SS 催化活性中心。它们分别是 *N*-糖基化位点（*N*-glycosylation site），在 302 和 305 之间；依赖于 cAMP/cGMP 的蛋白激酶位点（cAMP/cGMP-dependent protein kinase phosphorylation site），在 375 和 378 之间；酪蛋白激酶 II 磷酸化作用位点（casein kinase II phosphorylation site），在 327 和 330 之间；N 端豆蔻酰化位点（N-myristoylation site），在 148 和 153 之间；蛋白激酶 C 磷酸化作用位点（protein kinase C phosphorylation site），在 318 和 320 之间；酪氨酸激酶磷酸化作用位点（tyrosine kinase phosphorylation site），在 9 和 15 之间；鲨

烯/八氢番茄红素合酶位点 1 和 2(squalene and phytoene synthases signature 1, 2)，在 168 和 183、201 和 229 之间。

2.10　蛋白质二级结构和三级结构

蛋白质一级结构即氨基酸序列，决定蛋白质分子的二级和三级结构。二级结构是氨基酸系列形成三维空间构象，多肽链借助氢键作用形成具有一定方向的重复构象；在二级结构的基础上，借助一系列分子间的作用力(如范德瓦尔斯力、静电力等)相互作用形成蛋白质的三级空间结构，从而发挥生物学功能。通过 http://expasy.org/tools/#proteome 在线工具 SOPMA 对竹节参 SS 二级结构进行预测，结果见图 8-16。竹节参 SS 二级结构由 α 螺旋(alpha helix)、无规卷曲(random coil)、延伸链(extended strand)和 β 转角(beta turn)组成，其所占比例依次为 67.47%、22.41%、7.23%和 2.89%。可见 α 螺旋和无规卷曲是竹节参 SS 最大的结构元件，延伸链和 β 转角散布于整个蛋白质中。

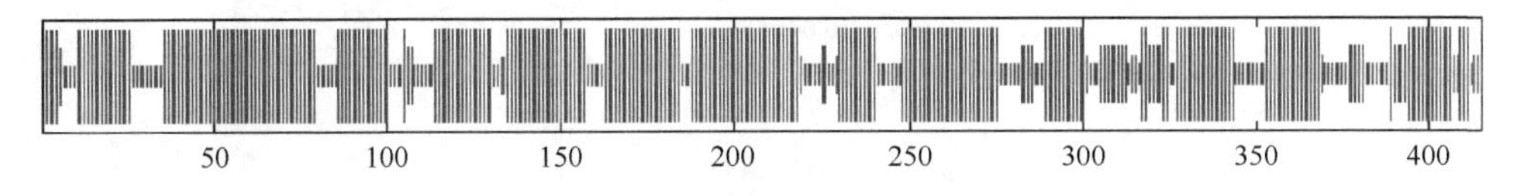

图 8-16　竹节参 SS 的二级结构(彩图请扫封底二维码)

通过在线 http://expasy.org/tools/#proteome 工具中的 SWISS-MODEL 进行竹节参 SS 三级结构模型预测，并根据 Motif 预测所得出的结构位点，利用 WebLab ViewerLite 软件进行标注，得到竹节参 SS 的三级结构图形(图 8-17)。图中 *N*-glycosylation site 表示 *N*-糖基化位点，C-terminus 表示 C 端，Squalene and phytoene

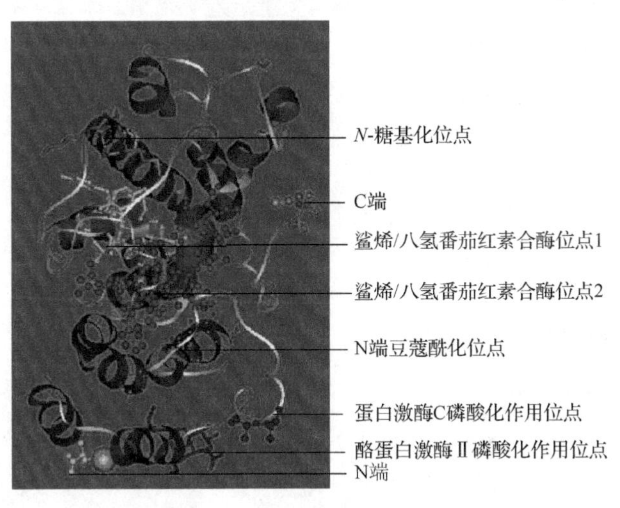

图 8-17　竹节参 SS 三级结构(彩图请扫封底二维码)

synthases signature 1、2 表示鲨烯/八氢番茄红素合酶位点 1 和 2，N-myristoylation site 表示 N 端豆蔻酰化位点，Protein kinase C phosphorylation site 表示蛋白激酶 C 磷酸化作用位点，Casein kinase II phosphorylation site 表示酪蛋白激酶 II 磷酸化作用位点，N-terminus 表示 N 端。

2.11　系统进化树

运用 Vector NTI 8.0 软件将克隆得到的竹节参 *SS* 基因与 9 种植物、3 种真菌、3 种动物 *SS* 基因编码氨基酸序列的进行物种聚类分析，结果(图 8-18)显示，*SS* 基因编码的氨基酸序列显示植物、动物和菌类都有着共同的祖先，但随着进化环境的不同而发生了变化，在进化道路上朝着不同的支路发展。竹节参 SS 属于植物 SS 类群，与人参、西洋参同属同科，又为草本植物，故在所有植物类群中，属于高级进化种类，这一结果与竹节参是双子叶草本植物的系统分类相一致。

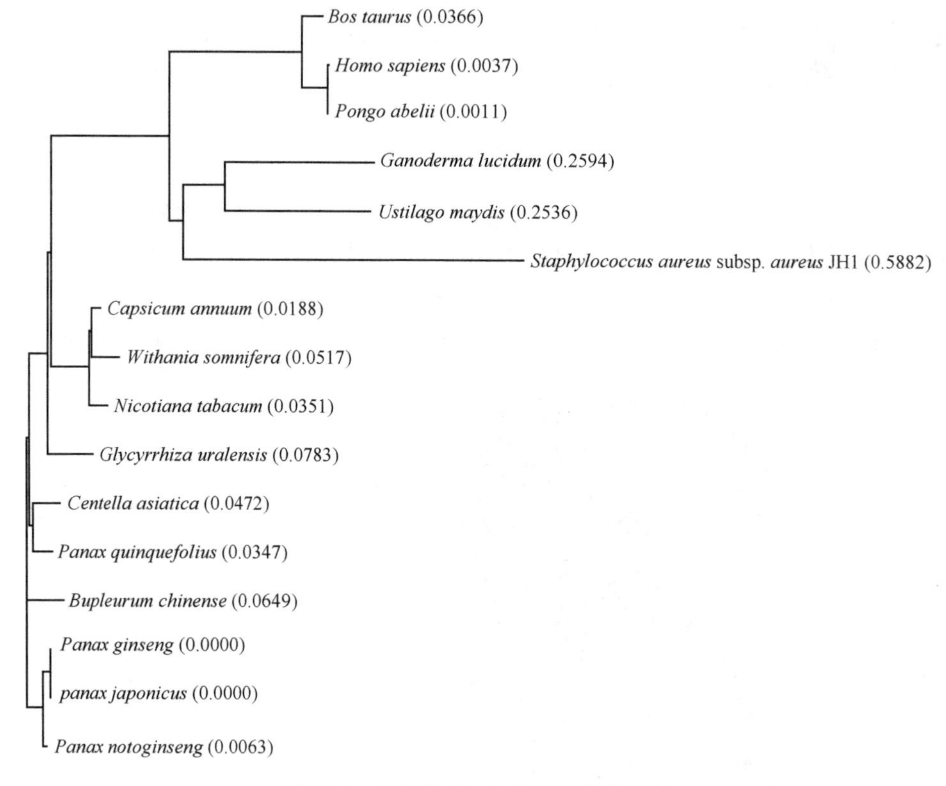

图 8-18　不同物种 SS 分子系统进化树

第三节 *SS*基因植物高效表达载体的构建及转化

3.1 *SS*基因植物表达载体的构建

挑取所克隆的*SS*基因阳性单菌落，接种于10mL含相应抗生素的LB液体培养基中培养过夜，然后用碱裂法抽提质粒，将质粒pCXSN-*PjSS*和pCXSN-anti*PjSS*各10μL分别与农杆菌LBA4404感受态细胞连接，用于遗传转化的工程菌。实验所用载体pCXSN为双元表达载体，即既可以作为克隆载体，也可以作为植物表达载体。因此，在*SS*基因克隆的基础上，进行全长和核心片段质粒的提取即可成为*SS*基因的正、反义植物表达载体。所构建的正、反义植物表达载体见图8-19和图8-20。

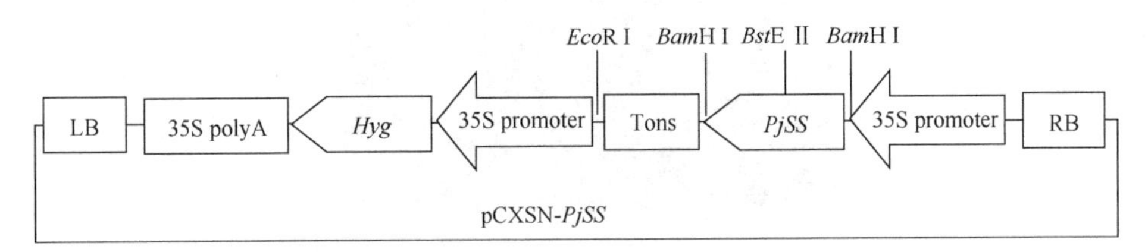

图8-19 正义植物表达载体pCXSN-*PjSS*示意图

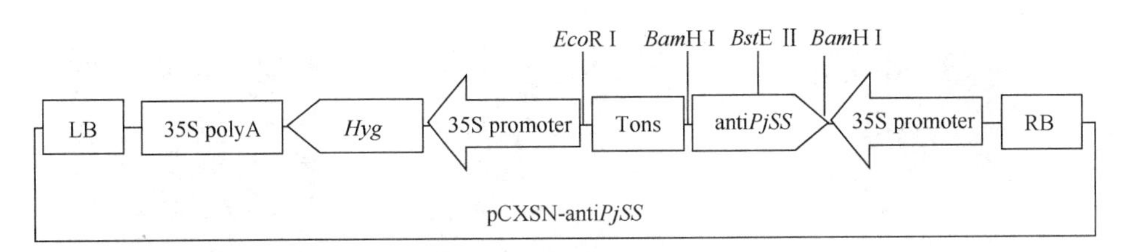

图8-20 反义植物表达载体pCXSN-anti*PjSS*示意图

对上述所构建的*SS*基因的正、反义植物表达载体用*Bam*H I酶切(图8-21)，得到约1350bp的*PjSS*片段和500bp的anti*PjSS*核心片段，证明*PjSS*片段和anti*PjSS*片段已经成功插入植物表达载体pCXSN。将构建好的pCXSN-*PjSS*和pCXSN-anti*PjSS*转化农杆菌LBA4404感受态，挑菌，用相应的引物做PCR鉴定，检测*PjSS*、anti*PjSS*和*Hyg*，结果得到约1350bp的*PjSS*片段、500bp的anti*PjSS*核心片段及800bp的*Hyg*片段(图8-22)，说明pCXSN-*PjSS*和pCXSN-anti*PjSS*已经转入农杆菌LBA4404，得到可用于遗传转化的工程菌LBA4404-pCXSN-*PjSS*和LBA4404-pCXSN-anti*PjSS*。

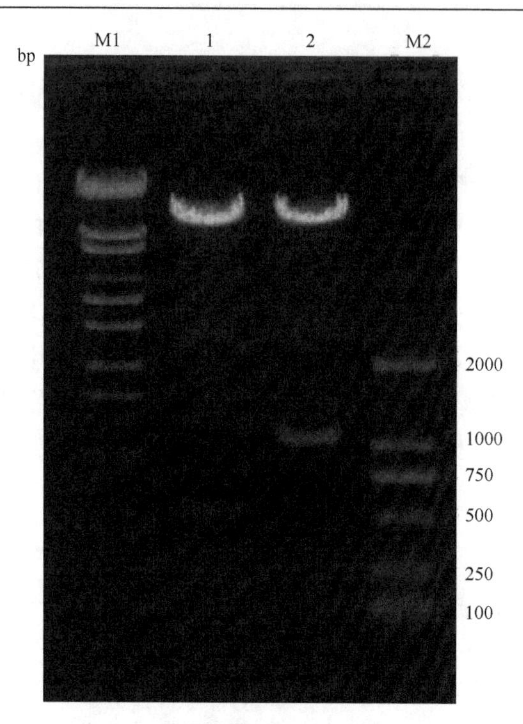

图 8-21　重组质粒 *Bam*H Ⅰ 酶切验证

M1. λ-EcoT14 Ⅰ digest marker；1. anti*PjSS*；2. *PjSS*；M2. DL2000 marker

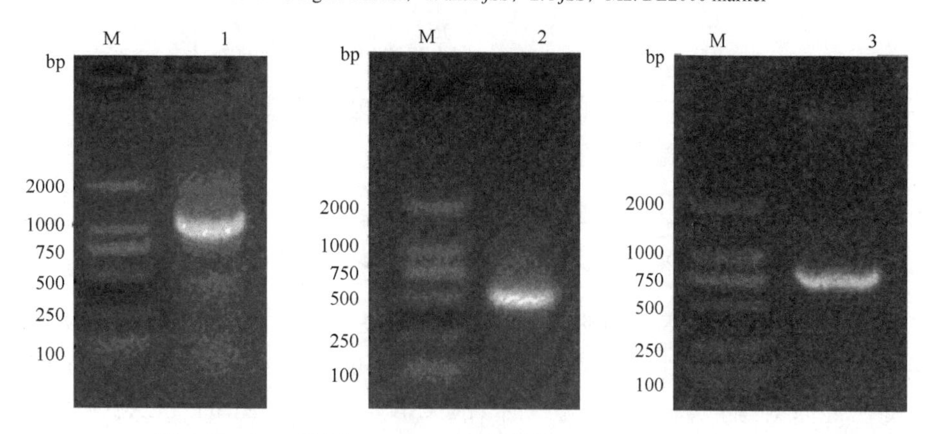

图 8-22　PCR 验证 LBA4404 目的基因 *PjSS*、anti*PjSS* 和 *Hyg*

M. DL2000 marker；1. *PjSS*；2. anti*PjSS*；3. *Hyg*

3.2　潮霉素致死浓度的筛选

在所设置的潮霉素(Hyg)浓度梯度范围内观察发现，随着浓度的增大，烟草叶片逐渐死亡，当浓度达到 50mg/L，接种烟草全部死亡，因此应选择 40mg/L 为筛选浓度。不同浓度的致死率见图 8-23，当浓度为 0、10mg/L、20mg/L、30mg/L、40mg/L、

50mg/L、60mg/L 时，致死率依次为 0、10%、30%、50%、75%、100%、100%。

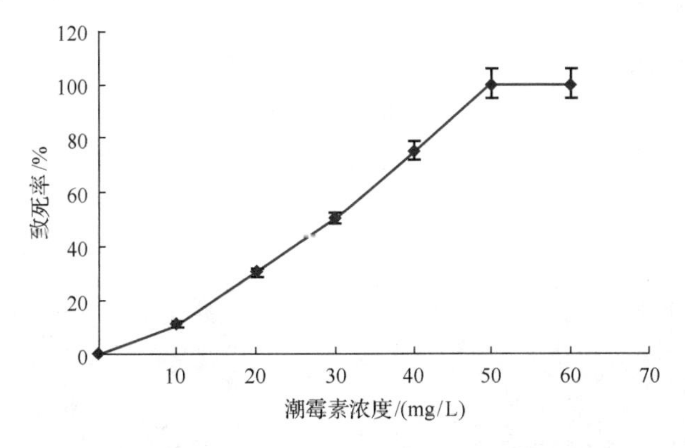

图 8-23　潮霉素对烟草叶片致死浓度的筛选

3.3　工程菌转化烟草及其生长

将带有目的基因的 LBA4404-pCXSN-*PjSS* 和 LBA4404-pCXSN-anti*PjSS* 工程菌，用叶盘法(leaf dish transformation)转化烟草，同时建立对照组。图 8-24 显示，烟草叶片暗培养 2 天后，转入培养基 MSB 中进行分化培养，8～10 天形成愈伤组织，再由愈伤组织分化形成芽体后，转入生根培养基 MSC 中诱导根的产生。对照组接种 7 天后叶片边缘开始发黄，并逐渐死亡，14 天后接种烟草外植体全部死亡。

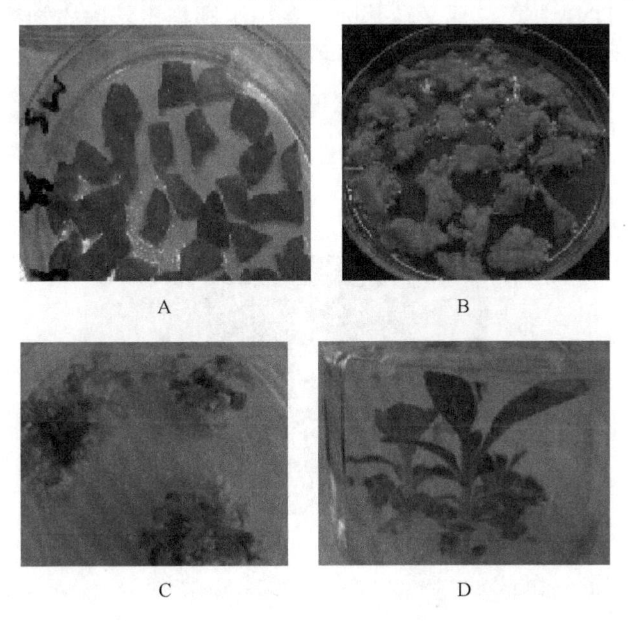

图 8-24　工程菌转化烟草与植株再生(彩图请扫封底二维码)

A.共培养；B.潮霉素抗性芽筛选；C.芽的增殖；D.转基因植株

3.4　分子检测转基因烟草

目的基因检测结果（图 8-25）显示，*PjSS* 基因在琼脂糖胶上会出现约 1350bp 大小的扩增条带；anti*PjSS* 基因则扩增出 500bp 左右的大小片段，说明 *PjSS* 基因和 anti*PjSS* 基因均整合到烟草植株基因组中，达到预期目的。而非转化烟草未扩增出任何条带。

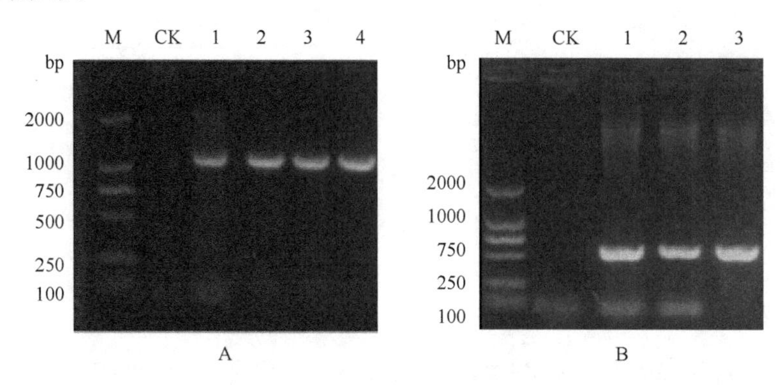

图 8-25　*PjSS* 基因和 anti*PjSS* 转化烟草的 PCR 检测

A.转 *PjSS* 基因再生烟草植株; B.转 anti*PjSS* 基因再生烟草植株；M. DL 2000 marker; CK. 对照组; 1～4. 转基因烟草

取经 PCR 检测目的基因为阳性的转基因烟草和非转基因烟草，用 CTAB 法提取其基因组 DNA。正、反义转基因烟草用卡那霉素基因引物检测无农杆菌污染。以潮霉素基因 *Hyg* 引物进行 PCR 扩增，结果（图 8-26）显示，*SS* 正义、反义植物表达载体转化烟草所得到的抗性植株均扩增到 800bp 左右的潮霉素基因 *Hyg* 特异性条带，表明潮霉素抗性基因 *Hyg* 也整合到转基因烟草中，达到实验预期目的。

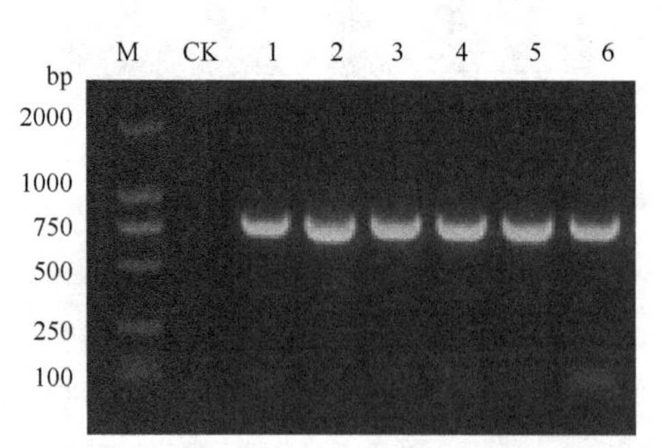

图 8-26　转基因 *SS* 烟草抗性基因 *Hyg* 检测

M. DL2000 marker；CK. 对照组；1～3. 正义转基因烟草；4～6. 反义转基因烟草

取正义转基因烟草和反义转基因烟草，提取各自根、茎、叶总 RNA，将其反转录为 cDNA。以 *18S* 基因为内参基因，通过正义、反义目的基因的 *SS* 特异性引物进行 RT-PCR 扩增，电泳结果见图 8-27。正义转基因烟草能扩增出大约 1300bp 的目的条带，这一结果表明基因 *SS* 已经在烟草中转录为 mRNA，并得到表达。反义转基因烟草均不能扩增出目的片段，因为克隆的反义片段大小与烟草的同源性在 80%以上，说明整合到烟草中的 anti*PjSS* 可能抑制了烟草 *SS* 基因的表达。

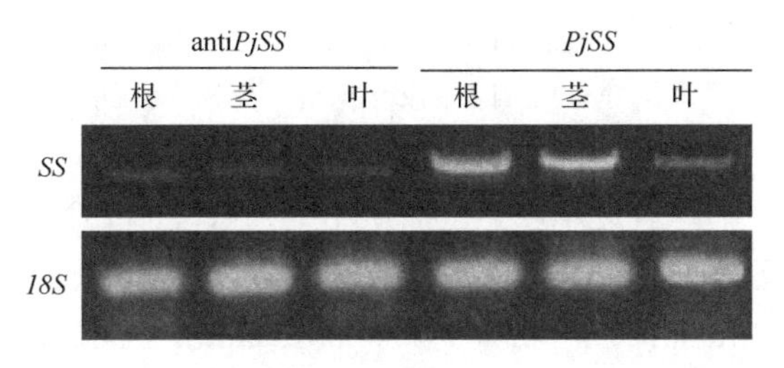

图 8-27　转基因烟草的 RT-PCR 检测

3.5　转化烟草中人参皂苷 Re 含量

分析结果（图 8-28）表明，转 *PjSS* 基因烟草的根、茎、叶中均检测到人参皂苷 Re 成分，并且其含量根中最高（56.48mg/L）、茎中次之（41.57mg/L）、叶中最低（36.54mg/L），但都大于未转化的对照组的相应营养器官；而对于转 anti*PjSS* 基因的烟草，其根（27.31mg/L）、茎（24.12mg/L）、叶（19.82mg/L）中的人参皂苷 Re 含量明显小于对照组。实验结果说明 *SS* 正义转基因烟草能提高人参皂苷 Re 的含量，*SS* 反义转基因烟草反而降低其含量；外源 *SS* 基因的正义表达载体在转基因烟草植株中已转录为 mRNA，并呈现高水平转录和超量表达；而 *SS* 基因的反义表达载体则相反。

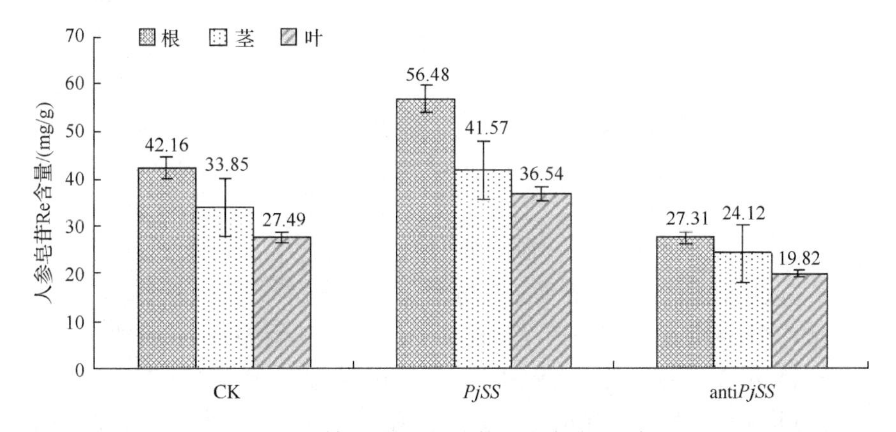

图 8-28　转 *SS* 基因烟草的人参皂苷 Re 含量

第四节　竹节参转录组通用密码子偏好性分析

遗传密码子是生物体DNA与蛋白质之间信息传递的基本单位，具有简并性，即同一氨基酸有多个对应的密码子，编码同一种氨基酸的密码子称为同义密码子。同义密码子在同一个物种不同基因或不同物种内的使用频率大有不同，这种不均衡使用模式称为密码子使用偏好性。通常把使用频率较高的一种或几种同义密码子称为最优密码子(朱孝轩等，2014；Ikemura，1985)。研究显示，不同物种之间基因密码子偏好性是由于突变压力(如GC含量、基因碱基组成)和自然选择作用(如翻译起始信号、基因表达水平、蛋白质结构与长度和tRNA丰度等)所引起的，mRNA二级结构及其稳定性、翻译的速度和准确度、蛋白质折叠等因素也与密码子的偏好性有关(Hiraoka et al.，2009；Fedorov et al.，2002)。对物种密码子偏好性开展研究，首先，有助于理解物种进化发展及密码子使用偏好性的调控机制。其次，密码子偏好性在基因异源表达研究方面也显示了重要作用，基因的表达量越大，其密码子偏好性越强(Quax et al.，2015)，根据这一原理，可替换基因低表达密码子从而提高外源基因表达量，同时根据密码子使用偏好性选择更为合适的宿主表达系统。基于竹节参转录组数据，解析竹节参表达基因的密码子组成，研究竹节参表达基因密码子使用偏好性和影响因素，以期为竹节参相关基因表达系统的选择及分子育种等提供理论基础。

4.1　GC含量分析及中性绘图

对竹节参转录组数据共11 199条完整可读框序列，利用Codon W对完整可读框序列进行密码子使用模式分析。表8-3显示，所有完整可读框序列总长度为12 006 732bp，N_{50}=1332bp，平均GC含量为44.67%，GC含量在30.3%～63.8%。竹节参GC含量平均值比大肠杆菌基因组GC含量平均值(52.35%)要低，但高于毕赤酵母GC含量平均值(42.73%)及酿酒酵母GC含量平均值(39.77%)，第1位、第2位碱基的GC含量在31.7%～71.8%，其GC含量平均值为46.97%。第3位碱基的GC含量在10.7%～83.9%，GC含量平均值是39.80%。第3位碱基A和T的使用频率(33.09%和41.27%)略高于C和G的使用频率(23.61%和27.57%)，表明竹节参基因对A和T结尾的密码子使用的偏好程度大于G和C结尾的密码子。第3位碱基GC含量平均值略低于毕赤酵母密码子第3位碱基GC含量平均值(42.16%)，比酿酒酵母密码子第3位碱基GC含量平均值(38.10%)略高，但比大肠杆菌密码子第3位碱基GC含量平均值(55.62%)要低很多。研究表明，竹节参密码子使用并无对碱基使用的特殊偏好，其密码子使用特点与大肠杆菌的差别最大，与酿酒酵母和毕赤酵母的差别略小。中性绘图分析(neutrality analysis)以GC3

为横坐标、GC12 为纵坐标(图 8-29)，相关性分析结果表明 GC12 的取值范围是 31.7%～71.8%，GC3 的取值范围是 10.7%～83.9%，GC3 与 GC12 差异分析达显著，两者相关系数为 0.062，回归系数为 0.48。这说明竹节参基因密码子使用模式主要受到突变压力的影响。

表 8-3　不同物种密码子平均 GC 含量　(单位：%)

转录核酸中的 GC 密码子	竹节参	酿酒酵母	毕赤酵母	大肠杆菌
平均含量	44.67	39.77	42.73	52.35
GC3	39.80	38.10	42.16	55.62
GC12	46.97	40.61	43.02	50.72

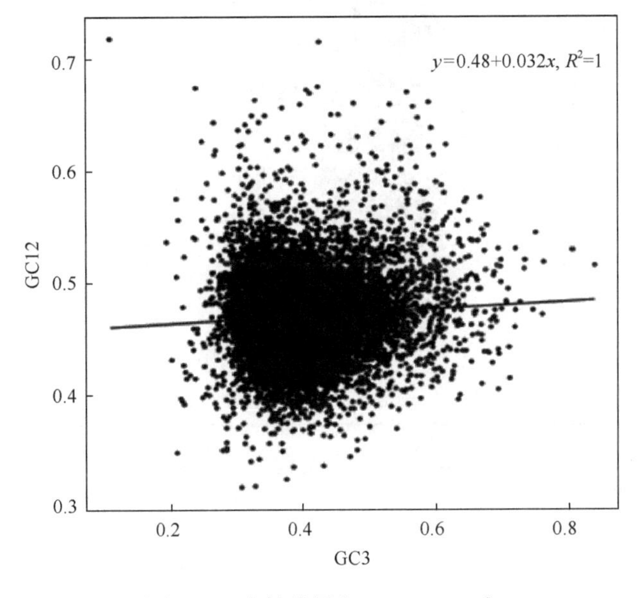

图 8-29　中性绘图(GC12 vs. GC3)

4.2　竹节参基因有效密码子数

竹节参有效密码子数(ENC)分布范围是 25.88～61.00，平均值为 53.04。通常将 ENC 为 35 作为区分密码子偏好性强弱的标准(朱孝轩等，2002)。竹节参基因有 13 条基因的 ENC 小于 35，表明竹节参基因整体水平密码子偏好性较低，只有少数基因有密码子偏好性。通过分析显示，只有少数密码子偏好性受到选择影响的基因落在标准曲线下方较远的位置(图 8-30)。相关性分析表明(表 8-4)，GC 与 GC3 及 GC12 均达到极显著水平，GC3 与 GC12 相关性达极显著水平，密码子成分明显不同。ENC 值与密码子数没有达到显著水平，表明密码子数对 ENC 影响很弱，排除了基因长度过短对密码子偏好性的影响。ENC-GC3 绘图以各基因 ENC

值为纵坐标，以 GC3 值为横坐标(图 8-30)，大部分竹节参基因均分布在标准曲线的周围，而小部分基因则分布在离标准曲线较远的位置。由图 8-30 可知，大部分基因分布在标准曲线周围，也有一部分基因分布在标准曲线下方较远的位置，由此表明竹节参基因的密码子偏好性不仅受到突变压力的影响，也一定程度上受到选择作用的影响。

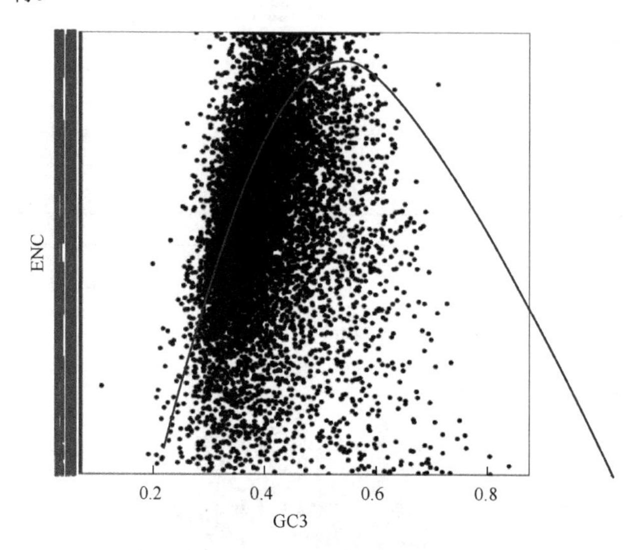

图 8-30　ENC 绘图分析

表 8-4　相关性分析

内容	密码子第三位 GC 含量	GC 含量	密码子第 1 位、第 2 位 GC 含量	密码子数
ENc	0.185**	0.120**	−0.002	0.015
GC3		0.694**	0.062	−0.205**
GC			0.761**	−0.141**
GC12				−0.009

**在 0.01 水平上显著相关。

4.3　同义密码子相对使用度及最优密码子

如表 8-5 所示，竹节参中共有 28 个密码子的同义密码子相对使用度(RSCU)值大于 1，表明这些密码子有可能是竹节参偏好使用的。除了只由一种密码子编码的 Trp 和 Met 外，编码 Phe、Leu、Ser、Tyr、Cys、Pro 等的密码子以及终止密码子存在比较明显的偏好性。RSCU>1 的密码子主要以 U 和 A 结尾，GC 使用频率较低，说明这两个密码子是编码基因最偏爱的密码子。如表 8-6 所示，对竹节参基因进行高、低表达样本库比较，计算竹节参转录组样本的最优密码子共 31 个，它们分别是 UUU、UUA、UUG、CUU、CUA、AUU、AUA、GUU、GUA、

UAU、CAU、CAA、AAU、AAA、GAU、GAA、UCU、UCA、CCU、CCA、ACU、ACA、GCU、GCA、UGU、CGU、AGU、AGA、AGG、GGU、GGA，分别编码Phe、Leu、Ile、Val、Tyr、His、Gln、Asn、Lys、Asp、Glu、Ser、Pro、Thr、Ala、Cys、Arg和Gly 18个氨基酸，其中Arg包含4个最优密码子。除了UUG外，其余最优密码子均以A或T结尾，说明竹节参最优密码子偏爱使用A/T结尾的密码子。

表 8-5　RSCU 分析

氨基酸	密码子	数目	RSCU	氨基酸	密码子	数目	RSCU
Phe	UUU*	99 265	1.19	Ser	UCU*	92 376	1.56
	UUC	67 060	0.81		UCC	48 938	0.83
Tyr	UAU*	67 882	1.20		UCA*	79 893	1.35
	UAC	45 011	0.80		UCG	28 785	0.49
Cys	UGU*	37 907	1.12	Leu	UUA	51 211	0.81
	UGC	29 849	0.88		UUG*	93 664	1.48
Ter	UAA	3 699	0.98		CUU*	93 288	1.48
	UAG	2 728	0.73		CUC	52 187	0.83
	UGA*	4 802	1.29		CUA	39 205	0.62
Trp	UGG	50 154	1.00		CUG	49 833	0.79
Pro	CCU*	72 019	1.46	His	CAU*	58 413	1.27
	CCC	32 385	0.65		CAC	33 777	0.73
	CCA*	69 482	1.40	Gln	CAA*	79 231	1.07
	CCG	23 949	0.48		CAG	68 841	0.93
Arg	CGU	28 552	0.80	Ile	AUU*	102 817	1.45
	CGC	18 592	0.52		AUC	54 333	0.76
	CGA	26 182	0.74		AUA	55 988	0.79
	CGG	20 891	0.59	Thr	ACU*	71 529	1.45
	AGA*	64 477	1.81		ACC	42 086	0.85
	AGG*	54 623	1.54		ACA*	63 696	1.29
Asn	AAU*	110 127	1.27		ACG	19 800	0.40
	AAC	62 975	0.73	Lys	AAA	117 177	0.95
Ser	AGU*	61 203	1.04		AAG*	129 046	1.05
	AGC	43 185	0.73	Ala	GCU*	108 053	1.60
Val	GUU*	108 456	1.63		GCC	48 641	0.72
	GUC	42 373	0.64		GCA*	89 357	1.32
	GUA	44 829	0.67		GCG	24 916	0.37
	GUG*	70 817	1.06	Met	AUG	46 743	1.00
Asp	GAU*	149 169	1.40	Gly	GGU*	82 231	1.22
	GAC	64 454	0.60		GGC	44 133	0.66
Glu	GAA*	139 408	1.07		GGA*	86 702	1.29
	GAG	121 669	0.93		GGG	56 159	0.83

*RSCU大于1。

表 8-6 竹节参中高、低表达样本组的密码子用法

氨基酸	密码子	高 RSCU 组（数目）	低 RSCU 值（数目）	氨基酸	密码子	高 RSCU 组（数目）	低 RSCU 值（数目）
Phe	UUU*	1.39(3 979)	0.85(3 331)	Ser	UCU*	1.71(5 536)	1.10(2 649)
	UUC	0.61(1 762)	1.15(4 548)		UCC	0.56(1 803)	1.58(3 810)
Tyr	UAU*	1.38(3 031)	0.80(1 925)		UCA*	1.47(4 767)	0.87(2 098)
	UAC	0.62(1 366)	1.20(2 862)		UCG	0.35(1 120)	0.92(2 230)
Cys	UGU*	1.28(1 592)	0.88(1 174)		AGU*	1.25(4 045)	0.70(1 687)
	UGC	0.72(893)	1.12(1 506)		AGC	0.67(2 166)	0.84(2 037)
Ter	UAA	0.94(175)	0.97(181)	Leu	UUA*	1.00(2 837)	0.52(1 417)
	UAG	0.73(136)	0.79(147)		UUG*	1.68(4 773)	1.68(4 773)
	UGA	1.33(248)	1.24(231)		CUU*	1.44(4 101)	1.03(2 790)
Trp	UGG	1.00(1 807)	1.00(2 192)		CUC	0.46(1 317)	1.77(4 829)
Pro	CCU*	0.87(2 366)	0.87(2 366)		CUA*	0.62(1 779)	0.50(1 364)
	CCC	0.49(983)	1.03(2 425)		CUG	0.80(2 281)	0.87(2 366)
	CCA*	1.61(3 257)	0.95(2 242)	His	CAU*	1.43(3 378)	0.82(1 479)
	CCG	0.29(589)	1.09(2 581)		CAC	0.57(1 356)	1.18(2 133)
Arg	CGU*	0.77(1 811)	0.65(886)	Gln	CAA*	1.10(5 257)	0.99(2 494)
	CGC	0.34(796)	1.02(1 382)		CAG	0.90(4 304)	1.01(2 527)
	CGA	0.64(1 501)	0.75(1 020)	Ile	AUU*	1.58(4 630)	1.15(3 531)
	CGG	0.46(1 087)	0.93(1 254)		AUC	0.54(1 577)	1.29(3 976)
	AGA*	2.08(4 897)	1.19(1 615)		AUA*	0.88(2 588)	0.57(1 743)
	AGG*	1.72(4 062)	1.45(1 966)	Thr	ACU*	1.60(3 743)	1.00(2 345)
Asn	AAU*	1.42(7 057)	0.95(3 201)		ACC	0.61(1 426)	1.57(3 674)
	AAC	0.58(2 856)	1.05(3 564)		ACA*	1.45(3 382)	0.73(1 712)
Val	GUU*	1.75(5 157)	1.14(3 393)		ACG	0.34(794)	0.70(1 629)
	GUC	0.46(1 357)	1.04(3 094)	Ala	GCU*	1.73(5 732)	1.11(3 567)
	GUA*	0.79(2 318)	0.45(1 344)		GCC	0.49(1 630)	1.34(4 296)
	GUG	1.00(2 956)	1.36(4 042)		GCA*	1.51(5 008)	0.76(2 455)
Asp	GAU*	1.51(10 647)	1.07(4 148)		GCG	0.27(886)	0.79(2 536)
	GAC	0.49(3 414)	0.93(3 621)	Gly	GGU*	1.35(3 949)	0.95(2 916)
Glu	GAA*	1.15(13 257)	0.82(3 177)		GGC	0.51(1 495)	1.04(3 162)
	GAG	0.85(9 794)	1.18(4 604)		GGA*	1.34(3 921)	1.02(3 124)
Lys	AAA*	0.99(9 253)	0.84(3 501)		GGG	0.81(2 365)	0.99(3 014)
	AAG	1.01(9 481)	1.16(4 851)				

*最优密码子。

4.4　PR2-plot 分析

利用 PR2-plot(parity rule 2-plot)的方法分析了各基因密码子中 4 个氨基酸家族嘌呤(A 和 G)与嘧啶(T 和 C)之间的关系，如图 8-31 所示。竹节参密码子第 3 位碱基 T 的使用频率大于碱基 A，碱基 G 使用频率大于碱基 C，4 个碱基不均衡使用说明竹节参基因密码子使用模式不单只受到突变压力的影响，还受到其他方面的影响(如自然选择作用)。

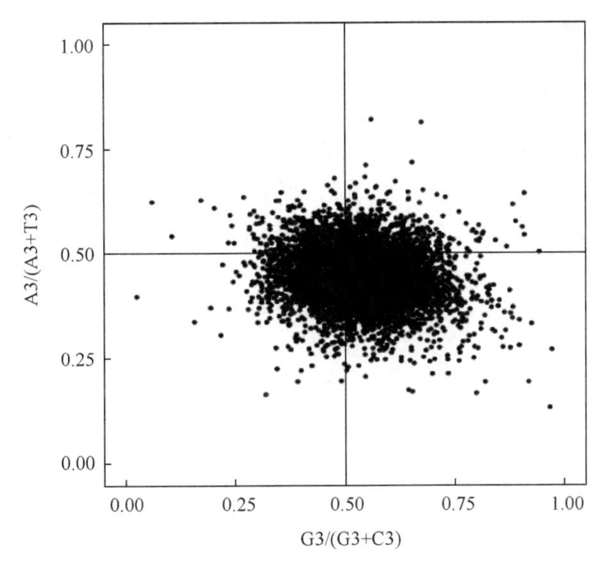

图 8-31　PR2-plot[(A3/(A3+T3) vs. G3/(G3+C3)]

每种生物在长期进化过程中都会形成自身密码子的使用模式，GC 含量是生物基因组中碱基组成的一个重要指标，在基因组演变中具有重要意义。GC 含量往往反映了生物突变方向性的强弱。研究表明，密码子第 3 位碱基(GC3)含量受到突变压力影响较小，因此 GC3 含量通常被作为分析密码子使用模式的一个主要参数。本研究分析了竹节参基因 GC 含量分布情况，发现 GC 含量平均值和 GC3 比较接近(均略小于 50%)，表明所有竹节参基因中整体 AU 含量略高于 GC 含量，且密码子主要以 A 和 U 结尾。且相比于毕赤酵母，其密码子使用模式与大肠杆菌和酿酒酵母的差异更大。研究发现，小麦(*Triticum aestivum*)、大麦(*Hordeum vulgare*)、水稻(*Oryza sativa*)等植物基因组中均表现较高的 GC 含量和偏向以 G/C 结尾，然而在真菌、一些单细胞微生物，如镰状疟原虫(*Plasmodium falciparum*)、支原体(*Mycoplasma*)及植物线粒体微生物基因组中 AU 含量显高于 GC 含量。此外，密码子使用模式在形成过程中往往受到很多因素的影响，其中主要包括突变和选择。在本研究中，中性绘图显示 GC12 与 GC3 之间具有极显著的正相关；

ENC-plot 分析发现大部分基因分布在标准曲线周围，也有一部分基因分布在标准曲线下方较远的位置；PR2-plot 分析发现 A、C、T 和 G 4 个碱基使用不均衡，结合中性绘图、ENC-plot 和 PR2-plot 综合分析，表明竹节参基因密码子使用模式可能受到突变和选择等多重因素的影响。许多学者比较了高偏性与低偏性基因库 RSCU 值，利用△RSCU 大小等级划分来确定最优密码子。本研究参考这种方法，最终将 UUU、UUA、UUG 和 CUU 等 31 个密码子确定为竹节参基因主要偏好的密码子。在最终确定的 31 个密码子中除了 UUG 外，其余最优密码子均以 A 或 T 结尾，表明竹节参基因密码子偏好性可能与第 3 位 GC 含量呈负相关。在对长春花、川贝、紫苏等高等植物基因组密码子使用的研究中发现，最优密码子较多的是以 A/T 结尾，且通常表现出对嘌呤碱基 U 的偏好强于嘌呤碱基 A，这与本研究结果相一致。因此，本研究确定了竹节参基因的最优密码子，今后可以通过密码子优化设计对外源基因进行密码子改造，从而提高外源基因在竹节参的表达水平，为今后从遗传本质上进行竹节参育种改良提供理论参考。

参 考 文 献

边黎明, 施季森. 2004.植物生物反应器细胞悬浮培养研究进展[J]. 南京林业大学学报(自然科学版), 28(4): 101-105.

邓旭坤, 米雪, 蔡俭, 等. 2013. 竹节参总皂苷的抗肿瘤作用和毒性研究[J]. 中南民族大学学报(自然科学版), 32(1): 47-49.

付春祥, 金治平, 杨睿, 等. 2004. 新疆雪莲毛状根的诱导及其植株再生体系的建立[J]. 生物工程学报, 5(3): 366-371.

高文远, 贾伟, 段宏泉, 等. 2003. 药用植物发酵培养的工业化探讨[J]. 中国中药杂志, 28(5): 385-390.

贵州植物志编委会. 1989. 贵州植物志(四)[M]. 成都: 四川民族出版社: 346-350.

郭志刚, 白桂雨, 刘瑞芝. 2000. 生长调节物质对栝楼毛状根生长和天花粉蛋白合成的影响[J]. 生物技术, 10(3): 14-16.

国家药典委员会. 2005. 中华人民共和国药典(2005 年版一部)[S]. 北京: 化学工业出版社: 93.

何含杰, 梁朋, 施和平. 2005. 蔗糖和光对三裂叶野葛毛状根生长及次生物质产生的影响[J]. 生物工程学报, 21(6): 1003-1008.

黄柏青, 刘曼西. 2001. 真菌诱导物对丹参毛状根氧化酶活性的影响[J]. 华中科技大学学报, 29(8): 111-113.

李集临, 徐香玲, 陈金山. 1993. 发根农杆菌 Ri 质粒及其应用[J]. 生物工程进展, 14(2): 8-18.

李用芳, 周延清. 2000. 发根农杆菌及其应用[J]. 生物学杂志, 17(6): 29-31.

林先明. 2006. 珍贵药材竹节参规范化栽培技术研究[D]. 武汉: 华中农业大学.

林先明, 刘海华, 郭杰, 等. 2007. 竹节参生物学特性研究[J]. 中国野生植物资源, 26(1): 5-8.

林先明, 由金文, 刘海华, 等. 2006. 竹节参开花结果习性观察[J]. 湖北农业科学, 45(3): 347-348.

刘传飞, 李玲, 潘瑞炽, 等. 2001. 发根农杆菌 T-DNA 基因对 3 种葛属植物毛状根形态和葛根素含量的影响[J]. 应用与环境生物报, 7(2): 143.

刘春朝, 王玉春, 欧阳藩. 1999. 青蒿素生物合成研究进展[J]. 天然产物研究与开发, 12(1): 83-86.

刘峻, 丁加宜, 徐红, 等. 2001. 质粒人参转化系统的建立及鉴定[J]. 中国中药杂志, 26(2): 95-99.

罗正伟, 张来, 吕翠萍, 等. 2011. 竹节参离体培养及植株再生[J]. 中药材, 34(12): 1818-1823.

闵静, 敖敏章. 2007. 竹节参总皂苷免疫调节作用[J]. 时珍国医国药, 18(11): 2784-2785.

闵静, 敖敏章, 胡菁, 等. 2007. 竹节参皂苷抗氧化作用的实验性研究[J]. 湖北职业技术学院学报, 10(1): 110-112.

齐香君, 陈秀清, 何恩铭. 2006. 发根农杆菌诱导黄芩毛状根的研究[J]. 西北农业学报, 15(5): 244.

钱丽娜, 陈平, 李小莉, 等. 2008. 竹节参总皂苷成分的抗疲劳活性[J]. 中国医院药学杂志, 28(15): 1238-1240.

施和平, 李玲, 潘瑞智. 1998. 发根农杆菌对黄瓜的遗传转化[J]. 植物学报, 40: 470-473.

孙敏, 曾建军. 2005. 长春花毛状根培养及抗癌生物碱产生的研究[J]. 中国中药杂志, 30(10): 741-745.

孙敏, 张来. 2011. 药用植物毛状根培养与应用[M]. 重庆: 西南师范大学出版社.

陶锐, 李莉, 邱强. 2007. 质粒转化药用植物的研究进展[J]. 农业与技术, 27(3): 31-36.

汪洪, 王晓慧, 王艳红, 等. 2008. 四倍体菘蓝毛状根的诱导及其植株再生[J]. 作物杂志, 5: 31-34.

王学勇, 崔光红, 黄璐琦, 等. 2007. 茉莉酸甲酯对丹参毛状根中丹参酮类成分积累和释放的影响[J]. 中国中药杂志, 32(4): 300-302.

王玉春, 刘春朝, 赵兵, 等. 2000. 青蒿毛状根悬浮培养动力学及其计量关系[J]. 化工冶金, 21(1): 42-46.

王跃华.2006.川黄柏高效遗传转化系统建立和植株再生研究[J].中药材栽培与育种, 7(29):641-644.

魏正元, 尤瑞麟. 1993. 竹节参雌配子体发育的研究[J]. 武汉植物学研究, 11(2): 97-105.
文德鉴, 张翠兰, 陈国栋, 等. 2008. 竹节参总皂苷镇痛作用的实验研究[J]. 时珍国医国药, 19(8): 1983-1984.
吴飞. 2007. 发根农杆菌诱导甘薯发根及其应用研究[D]. 合肥: 安徽大学.
徐洪伟, 周晓馥, 陆静梅, 等. 2005. 发根农杆菌诱导玉米毛状根发生及再生植株[J]. 中国科学(C 辑生命科学), 35(6): 497-501.
晏琼, 胡宗定, 吴建勇. 2006. 生物和非生物诱导子对丹参毛状根培养生产丹参酮的影响[J]. 中草药, 37(2): 262-265.
杨睿. 2005. 不同理化因子对雪莲毛状根生长和总黄酮生物合成的影响[J]. 生物工程学报, 21(2): 233-238.
杨世海, 刘晓峰, 果德安, 等. 2005. 不同碳源对掌叶大黄毛状根生物量和蒽醌产量的影响[J]. 中草药, 36(7): 1075-1078.
杨永康, 甘国菊. 2004. 竹节参规范化生产标准操作规程(SOP)[J]. 中药研究与信息, 6(5): 25-29.
于树宏, 赵丽丽, 王伟, 等. 2005. 影响虎杖毛状根高频诱导的因素探讨[J]. 西北植物学报, 25(9): 1740.
袁丁, 鲁科明, 张长城. 2008. 竹节参总皂苷抗炎作用的研究[J]. 湖北中医杂志, 30(4): 7-8
袁媛, 杨兆春, 吕冬梅. 2008. 流式细胞术测定丹参毛状根核 DNA 方法的建立[J]. 中国实验方剂学杂志, 14(12): 24-25.
张继栋, 杨雪清, 乔爱民, 等. 2008. 木本曼陀罗毛状根植株再生体系的建立[J].热带亚热带植物学报, 16(5): 480-485.
张来. 2012. 黔产竹节参种子萌发试验研究[J]. 种子, 31(5): 75-78.
张来, 孙敏. 2009. 贵州民间苗药竹节参叶的生药鉴定[J]. 中药材, 32(5): 691-693.
张来, 杨碧昌, 黄元射. 2015. 黔产竹节参根人参皂苷提取工艺与 RP-HPLC 含量分析[J]. 广东农业科学, 20: 86-90.
张来, 杨碧昌, 刘和. 2008. 民间药用植物竹节参研究进展[J]. 安顺学院学报, 10(3): 84-86.
张来, 张显强, 罗正伟, 等. 2010. 竹节参毛状根培养体系的建立及人参皂苷 Re 的合成[J]. 中国中药杂志, 35(18): 2383-2387.
张晓艳, 杜冰群, 刘启宏. 1991. 竹节参根和根状茎形态发育的初步研究[J]. 武汉植物学研究, 9(3): 293-296.
张荫麟, 周新华, 杨岚, 等. 1990. 甘草的发状根培养[J]. 中草药, 21(12): 23-26.
张勇, 陈清松, 张来. 2014. 竹节参引种驯化基地伴生植物调查研究[J]. 现代农业科技, 15: 81-83.
赵荣飞, 刘和, 张来, 等. 2010. 黔竹节参与鄂竹节参精油成分研究[J]. 北方园艺, (7): 181-184.
周延清, 牛敬媛, 郝瑞文, 等. 2007. 发根农杆菌转化怀地黄再生植株[J]. 分子细胞生物学报, 8(40): 223-230.
周跃刚, 王三根. 1997. 发根农杆菌 Ri 质粒 *rol* 基因的研究综述[J]. 遗传, 19(6): 45-48.
朱孝轩, 朱英杰, 宋经元, 等. 2014. 基于全基因组和转录组分析的赤芝密码子使用偏好性比较研究[J]. 药学学报, 49(09): 1340-1345.
Bensaddek L, Gillet L, Saucedo J E N. 2001. The effect of nitrate and ammonium concentrations on growth and alkaloid accumulation of *Atropa belladonna* hairy roots [J]. Journal of Biotechnology, 85(1): 35-40.
Chilton M D, Tepfer D A, Petit A, et al. 1982. *Agrobacterium rhizogenes* inserts T-DNA into the genomes of host plant root cell [J]. Nature, 295: 432-434.
Christey M C. 2001. Use of Ri2 mediated transformation for production of transgenic plants[J]. *In Vitro* Cell Dev Biol Plant, 37: 687-700.
Fedorov A, Saxonov S, Gilbert W. 2002. Regularities of context-dependent codon bias in eukaryotic genes[J]. Nucleic Acids Research, 30(5): 1192-1197.
Guo H Z, Chang Z Z, Yang R J, et al. 1998. Anthraquinones from hairy root cultures of *Cassia obtusifolia*[J]. Phytochemistry, 49(6): 1623-1625.

Gutierrez-Pesee P, Taylor K, Muleo R, et al. 1998. Somatic embryogenesis and shoot regeneration from transgenic roots of eherry rootstoek Colt(*Prunus avium*×*P.pseudoeerasus*) mediated by pRi 1855 T-DNA of *Agrobacterium rizogenes*. Plant Cell Reports, 17: 581-585.

Hiraoka Y, Kawamata K, Haraguchi T, et al. 2009. Codon usage bias is correlated with gene expression levels in the fission yeast *Schizosaccharomyces pombe*[J]. Genes to Cells, 14(4): 499-509.

HoshinoY, Mii M. 1998. Bialaphos stimulates shoot regeneration from hairy roots of snaPdragon(*Antirrhinum majus* L.) transformed by *Agrobaeterium rhizogenes*. Plant Cell Reports, 17: 256-261.

Ikemura T. 1985. Codon usage and tRNA content in unicellular and multicellular organisms. [J]. Molecular Biology & Evolution, 2(1): 13-34.

Kee-Won Yu, Hosakatte N M, Eun-Joo H. 2005. Ginsenoside production by hairy root cultures of Panax ginseng-influence of temperature and light quality[J]. Biochemical Engineering Journal, 23(1): 53-56.

Komaraiah P, Rcddy G V, Rrcddy P S, ct al. 2003. Enhanccd production of antimicrobial scsquitcrpenes and ipoxygenase metabolites in elicitor treated hairy root cultures of *Solanum tuberosum* [J]. Biotechnol Lett, 25: 593.

Palazón J, Moyano E, Cusidó R M. 2003, Alkaloid production in *Duboisia* hybrid hairy roots and plants overexpressing the h6h gene [J]. Plant Science, 165(6): 1289-1295.

Pedro M L L, Susana de C, Tiago M M. 2002. Growth and proteolytic activity of hairy roots from *Centaurea calcitrapa*—effect of nitrogen and sucrose [J]. Enzyme and Microbial Technology, 31(3): 242-249.

Perez-MolPhe E, Oehoa-Alejo N. 1998. Regeneration of transgenie plants of Mexiean lime from *Agrobaeterium rkizogenes* transformed tissues[J]. Plant Cell Reports, 17: 591-596.

Petita D, Dahil G A. 1983. Futher extention of the apine concept: plasmids in *Agrobacterium rhizogenes* cooperate for apine degradation. Mol. Gen. Genet., 190: 204-214.

Putalun W, Prasarnsiwamai P, Tanaka H, et al. 2004. Solasodine glycoside production by hairy root cultures of *Physalis minima* Lin[J]. Biotechnology Letters, 26: 545-548.

Quax T E, Claassens N J, Söll D, et al. 2015. Codon bias as a means to fine-tune gene expression[J]. Molecular Cell, 59(2): 149.

Sevon N, Drager B, Hiltunen R, et al. 1997. Characterization of transgenic plants derived from hairy roots of *Hyoscyamus muticus*[J]. Plant Cell Rep, 16: 605-611.

Shih-Yow H, Shih-Nung C. 2006. Elucidation of the effects of nitrogen source on proliferation of transformed hairy roots and secondary metabolite productivity in a mist trickling reactor by redox potential measurement[J]. Enzyme and Microbial Technology, 38(6): 803-813.

Sudha C G, Reddy B O, Ravishankar G A, et al. 2003.Production of, ajmalicine and ajmaline in hairy root cultures of *Rauvolfia micrantha* Hook. a rare and endemic medicinal plant[J]. Biotechnol Lett, 25: 631.

Sun M, Chen M, Liao Z H, et al. 2000. Plantlet regeneration from hairy roots of sweet potato[*Ipomoea batatas*(L.) Lam] [J]. Journal of Southwest China Normal University(Natural Science), 10(25): 543-546.

Suresh B, Bais H P, Raghavarao K S M S, et al. 2005. Comparative evaluation of bioreactor design using *Tagetes patula* L. hairy roots as a model system[J]. 40(2): 1509-1515.

Van A ltvorst A C, Bino R J, Van Dijk A J, et al. 1992. Effects of the introduction of *Agrobaeterium rhizogenes rol* genes on tomato Plant and flower development[J]. Plant Science, 83: 77-85.

Yu S, Kwok K H, Doran P M. 1996. Effect of sucrose, exogenous product concentrantion and other culture conditions on growth and steroidal alkaloid production by *Solanum aviculare* hairy roots[J]. Enzyme Microbiol Tecchnol, 18: 238-243.

Zhang L, Huang Y S. 2016. Molecular cloning and expression of SS gene from *Panax japonicus*[J]. Nanomedicine: Nanotechnology, Biology and Medicine, 12: 449-575.

Zhang L, Sun M. 2014. Molecular cloning and sequences analysis of SS gene from *Panax japonicas*[J]. Research Journal of Biotechnology, 9(6): 59-63.

Zhang L, Wang T T. 2016. Construction and transformation of expression vector containing *Panax japonicus* SS gene, Genet[J]. Mol Res(1): 1-8.

Zhang L, Zhang X Q, Sun M. 2011. Comparative analysis of the essential oils from normal and hairy roots of *Panax japonicus* C. A. Meyer[J]. African Journal of Biotechnology, 10(13): 2440-2445.